看见与被看见

走出精神避难所

Seeing And Being Seen

Emerging From A Psychic Retreat

[英] 约翰·斯坦纳 著
黄满霞 译

中国轻工业出版社

献给德博拉

推荐语

在以西方内疚为主导的文化背景下，东方文化中的羞耻感却是为人处事的一个重要背景，丢脸，恨不能在地下找个缝钻进去，没脸活着等耳熟能详的词反映出羞耻感中的无价值感，无意义感和低自尊感。弗洛伊德曾描述哀伤和抑郁的区别在于后者是无存在价值的羞耻感作为主导，最终导致自杀行为的发生。被看见和羞于被看见和精神病症状中的暴露癖，窥视癖反映出此文化下的反向形成，有多羞耻，生病后就可以多无耻，有多怕被人关注，就有多自然地表现为躁狂、露阴癖。在这种文化背景下群体的表现就是自大狂、自恋狂和狭隘的民族主义、民粹分子，再不然就是外国月亮比本国亮的及其自卑的逢中必反分子。本书深入地描述了羞耻感的来龙去脉，并比较了不同精神分析人物对羞耻感的定义来源，阅读本书，帮我们厘清主体和客体、看见与被看见、抑郁位与偏执位等概念之间的关系，从而能拓展我们对于自卑、自恋、羞耻和内疚的形成成因，故此特别推荐。

——施琪嘉

湖北省心理卫生协会理事长，武汉市心理卫生研究所所长

必须有尊严地开始精神分析的旅程，必须看见那些在全能控制背后美好而又悲伤的动机，最终接受属于自己的悲剧人生。

——吴和鸣

中国地质大学（武汉）学生心理健康教育中心副教授，中国心理学会注册督导师

精神避难所的作用是双重的：既保护又限定我们。精神分析是一门关于时空的学问。在时间轴上，它告诉我们是如何带着过去的

情感，生活在现在的关系中；在空间上，它向我们呈现跟避难所完全不一样的海阔天空。当一个人抛开构建避难所的所有防御，他就看见和被看见了。这才是真正觉悟的人生。

——曾奇峰

中国心理卫生协会精神分析专委会顾问

作为人类，我们终其一生都在追寻看见与被看见。当我们在看见与被看见的过程中，我们既感受到被关注与被理解，但同时也需要承受其他复杂的体验，如尴尬、羞耻甚至羞辱。约翰·斯坦纳在这本书里为读者提供了非常丰富与独特的视角。这是一书值得精读的书。

——熊卫

IPA精神分析师，中国心理学会注册督导师，中国心理卫生协会认证督导师

中文版推荐序
十目所视，十手所指，其严乎

约翰·斯坦纳的《看见与被看见：走出精神避难所》，对于我们中国读者可能具有特别的意义。在中国传统文化中，有异常丰富的与看见、羞耻有关的所思所想所感，如《礼记·大学》直接就说，“十目所视，十手所指，其严乎”，我们就生活在眼睛凝视的罗网之中。美国人类学家鲁思·本尼迪克特（Ruth Benedict）在其著作《菊与刀》中提出日本文化是“耻感文化”，区别于西方的“罪感文化”，受其影响，中国传统文化，或者中国心灵由此具有某种特殊性，构成倡导本土心理学的理据之一，这“本土”多少有点“精神避难所”的意味，只可以“偷安”一时，这不，斯坦纳的这本书就带着一大帮精神分析学家“横冲直撞”地进来了。人同此心，心同此理，不要再掩耳盗铃自欺欺人了，是时候了，可以开始对于“十目所视，十手所指，其严乎”的凝视了。

感谢黄满霞博士独具慧眼，选择翻译了这本代表了当代精神分析重要进展的著作，黄博士在精神分析的临床、教学及科研方面日益精进，使本书的翻译呈现了极其专业的面貌。

斯坦纳在本书中继续探索他早先提出的“精神避难所”这个议题中发展出的主题，应该说，精神避难所这个意象叠加了多层内在心理冲突，有关防御，有关治疗进展等，他从看见与被看见，以及与之相关的从尴尬到屈辱的情绪情感，来进行深入探索。

斯坦纳说：“我们简单地按照严重程度递增的顺序，病人可以将自己的情感体验描述为尴尬、脸皮薄、不自在、敏感、脆弱、不安、难堪、脸红、丢脸、不当、不雅、不贞洁、贬损、难为情、被轻视、被污蔑、下贱、糟蹋、丑陋、贬低、耻辱、侮辱、羞辱、可鄙、窘迫、蔑视、无价值和屈辱。”我们的语境中，这个连续谱中还可以添加许多词语进来，如“被嫌弃”“不齿”“丢人现眼”等等。

当今流行的一个说法，“脚趾头在地上抠出三室一厅”，也可以算一个，表达的是极其“尬”的体验。查网络上对“三室一厅”的解释，大概是说尴尬时难熬，时间显得漫长，但我觉得不得要领，更像是说用脚趾头抠个精神避难所出来，好躲起来，如同俗语说的“恨不得有条地缝钻进去”，只不过地缝变成了三室一厅。总之，有关羞耻的研究非常接地气，特别地与我们同频。我们终其一生都在“争一口气”，要光宗耀祖，出人头地，一旦失败则归咎于时运不济，耻于被视为笨、傻、老实巴交等一类，无法接受能力不够的评判，始终保持全能幻想。

如前所述，精神避难所的议题，不仅涉及从精神避难所出来之后的尴尬与屈辱，还有值得展开的诸多层面。夸张地形容，对于看见是忸怩作态的，欲抱琵琶半遮面，好像是站在精神避难所的门口，一只脚在门外，一只脚在门内，可以出去，也可以随时撤回来。内心是矛盾的，既渴望被看见，又恐惧于被看见；底层是分裂的，有希望被看见的得意之处，有害怕被看见的缺陷，即使是所谓的得意之处，也如斯坦纳所指出的，“好的品质会激发爱和感激，但也会引起嫉妒和仇恨”。

不肯从精神避难所出来，作为阻抗、负性治疗反应等被讨论，正如弗洛伊德在《可终结与不可终结的分析》一文中所说的：“……有一种力量正在用一切可能的手段来保护自己，反对康复，并且绝对决心坚持疾病和痛苦。”这力量被理解为死本能，或者是所谓对女性气质的否认，或者是对创造性联结的排斥，等等，如果纳入创伤这一核心主题，似乎可以更好地理解斯坦纳在本书第三部分的相关阐述。忘记过去意味着背叛，精神避难所也是过往的象征，它这过往深刻地影响了个体。耻于差异中他人的富足、优越感，重点在于差异是如何产生的；匮乏之中，接受就是羞辱；怎么都不对，如果缺乏，感受到的是羞辱，如果拥有，感受到的是嫉妒……怎样都不对，因为开始就错了，创伤造成不可逆转的人生，精神避难所，也是创伤历史纪念馆，不肯出来，不愿翻篇，是想如实“展览”伤痛，希望有人进来吊唁。创伤中断了自己的发展过程，再怎么都晚了，该错过的都错过了，带着看不见的内伤参与的竞争是公平的吗，不出来也罢，不想再自取其辱。个体所坚持的、所要的，不过是属于自己的未被打断的人生，是自己去获得真正属于自己的“好”，创伤使这些不再可能，这或许是嫉羡的实质所在。

一个男性遭遇到的最为羞辱的攻击，可能是被人说不是爷们，像个娘儿们。书中专门有一章讨论了施雷伯这一经典案例，施雷伯控诉说他被阉割，变成了一个女人被虐待。可能是反向形成的结果，出现了许多逞能、逞强的大老爷们，也因此不堪重负，造成了诸多家庭中父亲缺席的现象，他们逃到诸如事业、成功学等精神避难所中。

“三人行”必有“排除在外”发生，是另一种常见的现象，两个人出入成双结对，比较和谐，一旦有第三者加入，就有被排除在外的风险。当父母之间关系亲密时，孩子感觉被排除在外，可能成为永远的痛。不甘于自己被排除在外，就把他人排除在外。这被排除在外的，处于观察者的位置，像是超我，总在那里指指点点。这大概也是成长的烦恼之一，心有千千结，在几个不同角色中来来回回切换。不可避免地，在心理治疗的情境中，这个观察者既是现实的，也是投射的，斯坦纳用不少临床案例反复说明治疗室里所充满的凝视的压力。

围绕着羞耻感，有两个值得指出的“方向”，一个是个体内在的心智活动的过程，总是封闭的、循环着的，或者说是强迫性重复着，（这里说明一下，我喜欢用“个体”这个词，而不用“病人”“个案”等说法，是想表明所指的心理特征、心理过程会同样发生在病人与治疗师身上，这也是心理治疗得以开展的前提）；另外一个是为打破循环而进行分析工作的“次第”。

比如，在第六章，斯坦纳指出，当焦虑程度很高时，激起的是见诸行动而不是理解：

“因此，涵容总是不完全的，而一旦涵容失败，就会建立起强大的防御，最常见的防御模式是否认自己的需求，代之以一种自恋性的客体关系。病人投射出渴望被关注的、无助的、被剥夺的自我并将其否认以后，开始认同一个父母型的客体，因为这种客体会给他人提供帮助而不是接受帮助。在这个角色中，病人感到有义务照顾一个被忽视、受到责备且渴求得到修复的客体，为此病人经常被迫使用躁狂、全能控制的防御机制来抑制绝望，因此需要被修复。病人表面上在帮助别人，其实是为了修复受伤的自我，这很少成功，且通常不被客体感激。当助人的努力失败时，病人通常会感到不满、沮丧以及愤怒。”

这一段话描述了一种封闭、循环的心智活动过程，在此过程的诸环节中，个体都体验到了羞耻感。不论是如丧失、分离等的新伤或旧伤所致，在强烈的情绪铺天盖地袭来之时，个体本身携带的或“外挂”的容器无法涵容，从所谓正常的轨道上弹出来，失控的状况让人感觉狼狈不堪。可能接下来是否认，像是把门关上，尽量把刺激挡在门外，眼不见心不烦，在失魂落魄中努力稳住神，所否认的既是各种刺激，也是刺激激起的反应，更是那几近崩溃、脆弱的自我形象。再接下来是挣扎，困兽犹斗啊，做法是逆转被动为主动，成为一个照顾者，这一逆转具有多重意义，自己不再是那个令人感到羞愧的需要被照顾的人。那不是我，我不是他；其中似乎也有绝望，有无声的控诉，普天之下就是没有一个可以指望拯救自己于水深火热之中的人，好吧，我做给你们看，你们看着好了。一方面是遍体鳞伤、嗷嗷待哺，一方面极尽所能成为全能的全方位照顾者，必然难以为继，必然失败，最要命的是，那真正嗷嗷待哺的是自己，因而那认定的被照顾者并不领情，一点也不配合演出，所以很难获得感激，于是感到极不公平。最后注定失败的结果让个体感到沮丧和愤怒。

毫无疑问，这样的循环过程也必然活现在治疗之中。

关于次第，比如在“导读”中作者指出，“首先需要哀悼对客体的全能控制的丧失，然后对所丧失的客体本身进行哀悼，是导致分析发生有意义变化的原因。”换个说法，必须有尊严地开始精神分析的旅程，必须看见那些在全能控制背后美好而又悲伤的动机，最终接受属于自己的悲剧人生。

书中有大量有关内在心智活动过程及精神分析工作的具体阐述，它们是众多精神分析师和他们的当事人，携手在长期深入探索中积累的宝贵成果，值得好好学习和借鉴。

在第七章讨论怨恨与复仇的主题时，作者引用了根据真实事件改编的短篇小说《马贩子科尔哈斯》，“一个名叫迈克尔·科尔哈斯的马贩子，当他通过男爵的土地时，因为拒绝向男爵支付非法通行税，因而卷入了一起事故。男爵扣了他的两匹马，他去找当地官方机构交涉此事。由于腐败，他被剥夺了正义。当他回去时，他发现他的马没能得到照顾，他的马夫遭遇了虐待。在寻求赔偿的过程中，他毁掉了自己的生意和婚姻，烧毁了男爵的城堡，杀害了城堡里无辜的居民，并发动了一场叛乱，使这个国家的大部分土地变为废墟。他最终因过分和非法的报复而被处决，尽管他最初的要求是正当的。他原本的动机似乎是基于对正义的尊重，但却被一种永远无法满足的破坏性所取代，这不亚于死本能的表现。”

这样的故事很多，本来可控的事情一步步演变成了可怕的人间灾难，最初的动机、要求是合理的、正当的，之后恼羞成怒之怒带有巨大的要毁灭一切的破坏性，“之后”好像是死本能接手了。在死本能接手，破坏性升级的过程中，他人的注视似乎起到了推波助澜的作用，围观者不仅仅是旁观，他们也参与其中：在更多的人面前失去自尊，自恋受损的暴怒更加强烈。当不能直接表达时，怨恨便在内心酝酿成了“怨毒”，在《史记·伍子胥列传》中有云：“太史公曰，怨毒之于人甚矣哉！”这怨毒可以被客体关系理论解读为坏客体或主体，它毒害着内心，或对外“放毒”破坏着关系。

面对僵局，作者坦言并不知道出路何在，宽恕是一个方向，或者说是一个结果，那么如何走向宽恕？作者借小说《绑架》说明他的想法，或许这暗示着文学艺术的途径代表着和解的可能？

最后，想在结束之前再补充一点与看、羞耻有关的非临床材料，可以加深直观感受，增加对于本书提出的观点的理解。

一个是斯琴格日乐演唱的《两只小山羊》，歌词如下：

哟喂哟喂哟喂
两只小山羊爬山的呐
两个姑娘招手的呐
我想过去呀啊心跳的呐
不想过去吧啊心想的呐
哎 心想的呐 哎 心想的呐
两只小山羊吃草的呐
两个姑娘在等我的呐
白天过去吧有人看的呐
晚上过去吧啊狗咬的呐
哎 狗咬呐 哎 狗咬的呐

直白的词，把冲突表达得非常到位，“我想过去呀啊心跳的呐/不想过去吧啊心想的呐”“白天过去吧有人看的呐/晚上过去吧啊狗咬的呐”，进退两难啊。引用这首词，就因为那句“白天过去吧有人看的呐”，被人看见不好意思啊。忍不住要问一句，窈窕淑女君子好逑，有什么不好意思的？怎么几千年过去了，还退步了。当然，事情没这么简单，但至少可以说，对于欲望的羞耻感总是缠绕着我们。

另一个材料与春节有关，写这篇序正值春节前夕，与我采写实验传记的传主刘女士，谈到春节到底是回娘家，还是去婆家的冲突。回娘家是本色出演，像鱼儿回到水里，很自在很滋润；如果在婆家则是角色出演，要装、要演戏，甚至还要编写人物小传，交代各种背景、来龙去脉，否则一不小心就误解就闹矛盾，心里实在不痛快。所以有说回娘家代表着退行，而媳妇跟随丈夫回婆家过年是承担责任，亲戚朋友都看着呢。刘女士说，我知道要做一个懂事的媳妇，让老公开心，但是见不得在自己忙前忙后配合表演时，婆婆和老公那嘚瑟、得意的样子，心里头直冒火。可又不能发火，得憋着，否则前功尽弃。

我问对那嘚瑟有什么想法，刘女士说，理所当然的，这是他们该得的，他们值得拥有更好的，闺女都是下嫁了，媳妇都是高攀了……

我有种揭秘的感觉，做死做活做牛做马，别人一点都不领情，还要嫌弃，原来“小媳妇”是这个意思啊。

吴和鸣

2023年1月于武汉

推荐序

约翰·斯坦纳继其杰出论著《精神避难所》(*Psychic Retreats*, 1993)之后，在本书中进一步深入探究了这一领域。他仍然选择对那些建立和维持精神稳定的防御机制，以及妥协性满足的病态精神组织进行钻研。自恋而脆弱的受分析者，依靠“精神避难所”来保护他们免受难以忍受的焦虑的折磨。在本书中，斯坦纳解释了受分析者用来抵制任何要求他们离开精神避难所这一倾向的复杂的动机网络。这些动机中，有许多是围绕着向极端处境过渡的强烈恐惧而组织的：一个方向是转向偏执-分裂位；另一个方向是转向抑郁位。

斯坦纳在弗洛伊德(Freud)、梅兰妮·克莱因(Melanie Klein)、罗森菲尔德(Rosenfeld)、比昂(Bion)、汉娜·西格尔(Hanna Segal)、贝蒂·约瑟夫(Betty Joseph)、汉斯·卢瓦尔德(Hans Loewald)、迈克尔·费尔德曼(Michael Feldman)和罗恩·布里顿(Ron Britton)等先前的学术贡献的基础上做出了创造性和综合性的努力，这里只提一下那些最突出的贡献者的名字。此外，他还提出了关于尴尬、羞耻和屈辱的新观点，当受分析者处于无法避免“看见”或“被看见”的情境中时，很容易受到这些体验的伤害。为了发展这一系列的主题，他借鉴了各种理论取向的分析家的学术贡献，包括自体心理学取向的精神分析师和女权主义者。

斯坦纳特别强调了病人开始发生改变时所涉及的主观体验。具体而言，即病人刚从“精神避难所”中走出来的感觉是怎样的？成为他人注视的对象时感觉是怎样的？被羞辱的感觉如何影响一个人的力量感和目标感？当病人被分析师看见的时候，哪些身体上和心理上的感觉会不断地被唤起？哪些是“合适的话”，即可以帮助绝望的受分析者感到被理解和安全？分析师已经有了丰富的词汇储备，他们在关于改变的过程和问题的论述中使用这些词汇，如焦虑、嫉妒、全能感的丧失、依赖、分离和哀伤、内疚，以及迫在眉睫的修复压力。但在这本书里，我们遇到了一些可以用来更直接地描述这些体验的话语：离开精神避难所，保持隐蔽，客体凝视的支配作用，感到渺小，自卑和被排除在外，为了完整、真实地看见自我和客体而采取的分离所带来的哀伤，以及温和！

当然，以上这些和类似的体验性术语在过去已经被提及和讨论过。值得称赞的是，作者始终如一地运用体验性术语去强调与防御、停滞、变化的危险有关的幻想内容，同时，也考虑了受分析者对外在世界的真实体验；他在临床工作中，倾向于对给受分析者造成困扰的主观体验进行解释。

作者对主观体验的关注，有助于理解受分析者对改变的顽强抵抗。用海因茨·科胡特（Heinz Kohut）的话说，精神分析需要一种接近言说的体验，来帮助分析师对感到被卡住和未获得进展的受分析者产生共情性认同（empathetic identification）。这种认同有助于达成干预，受分析者可以利用这些干预措施来尝试离开精神避难所，并在凝视的目光中停留足够长的时间，以使分析过程能够向前推进。

最后，约翰·斯坦纳提出了一种新的、全面且具体的克莱因式阻抗机制。他扩展并重新阐述了一些既定的观点和临床实践。他的文章帮助我们更好地理解防御的功能和限制作用。在实现其目标的过程中，他还总结并丰富了当代精神分析工作的许多其他方面的见解。这本书有理由被认为是对弗洛伊德1937年发表的杰出论文《可终结与不可终结的分析》（*Analysis Terminable and Interminable*）的良好补充。

罗伊·谢弗（Roy Schafer，1922—2018）

［美国心理学家和精神分析学家。他探索了精神分析理论和临床实践的许多领域，对当代精神分析思想的形成和发展产生了巨大的影响。代表作有《分析的态度》（*The Analytic Attitude*）、《精神分析的新语言》（*A New Language for Psychoanalysis*）等。］

致 谢

我要感谢梅兰妮·克莱因信托基金的支持，也要感谢阅读本书草稿的许多同事，特别是迈克尔·费尔德曼、罗恩·布里顿、汉娜·塞加尔、贝蒂·约瑟夫和普利希拉·罗斯。杰西卡·柯克在早期阶段阅读了本书，并且帮我挑选了要收录的章节，莉斯·埃里森后来为本书的编辑工作提供了重要的帮助。我在此想对他们两个人表示感谢。

自1995年开始以来，与迈克尔·费尔德曼和罗恩·布里顿一起举办的精神分析师年会（West Lodge Annual Conferences），以及我在研究生讲习班上的讨论和临床报告，一直是我写作灵感的源泉。

无论是从个人还是从职业角度来说，我的妻子德博拉都是我的动力来源。她耐心地阅读了所有的草稿，反复阅读数遍，并提出了许多修正建议。

使用权限致谢

第一章基于J. Steiner, “Seeing and being seen: Narcissistic pride and narcissistic humiliation”. International Journal of Psychoanalysis, 87: 939–951, 2006. ©Institute of Psychoanalysis, London, UK。经许可转载。

第二章基于J. Steiner, “Gaze, dominance, and humiliation in the Schreber Case”. International Journal of Psychoanalysis, 85: 269–284, 2004. ©Institute of Psychoanalysis, London, UK。经许可转载。

第三章基于一篇未发表论文，展示于Scientific Meeting of the British Psychoanalytical Society on 17 January 2001。

第四章基于J. Steiner, “Transference to the analyst as an excluded observer”. International Journal of Psychoanalysis, 89: 39–54, 2008. ©Institute of Psychoanalysis, London, UK。经许可转载。

第五章基于Canadian Psychoanalytical Association in May 1999的一篇论文，发表于J. Steiner, “The struggle for dominance in the Oedipus Situation”. Canadian Journal of Psychoanalysis, 7: 161–178, 1999. ©Canadian Psychoanalytic Society。经许可转载。

第六章基于2008年12月于伦敦大学学院举办的会议上发表的论文，主题为“The Here and Now”，发表于J. Steiner, “Helplessness and exercise of power in the analytic session”. International Journal of Psychoanalysis, 92: 135–147, 2011. ©Institute of Psychoanalysis, London, UK。经许可转载。

第七章基于J. Steiner, “Revenge and resentment in the Oedipus Situation”. International Journal of Psychoanalysis, 77: 433–443, 1996. ©Institute of Psychoanalysis, London, UK。经许可转载。

第八章基于一篇文章，首次发表于J. Steiner, “The conflict between mourning and melancholia”. Psychoanalytic Quarterly, 74: 83–104, 2005. ©The Psychoanalytic Quarterly, Inc., Los Altos, CA, USA。经许可转载。

第九章基于J. Steiner, “The repetition compulsion, envy, and the death instinct”. In P. Roth and A. Lemma (Eds.), Envy and Gratitude Revisited (pp.137–151). ©2008 The International Psychoanalytical Association。经许可转载。

目 录

导 读

在这本书中，我继续探索在《精神避难所》一书中发展出的主题，特别是在临床情境中出现的一些问题及思考，例如病人会感到卡住了以及正常发展受阻，进而妨碍分析的进展。和我之前的分析工作一样，我们首先需要认识到的一点是，我们都需要防御机制来保护我们免受焦虑和痛苦。精神分析的目的不是消除病人的防御机制，而是理解它们，并通过这种理解逐渐帮助病人识别新的可能性和发展潜能。

当不再需要的防御机制继续部署时，分析的进展往往会受阻，因为病人会害怕失去防御机制给他们提供的保护，并且病人还没有找到可以用来应对焦虑和痛苦的替代方法。观察病人开始放弃防御时所唤起的焦虑，可以帮助我们了解他[①]对防御机制的依赖。然而，我们也需要了解的是，防御有时会非常顽固，并且当它们形成一个有组织和协调的结构时，最难以改变。最近的分析工作极大地增强了我们对这些组织的基本形式和功能的理解，在我之前出版的一些书中，我有对其中一些部分进行了述评（斯坦纳，1993），我将这些防御系统描述为“人格的病理性组织”，并将由此产生的结构描述为“精神撤退”（或“精神避难所”）。

本章节中，我选取了一些最新的相近主题的论文。在第一部分，我探讨了当病人开始放弃一种自恋性的结构，并尝试从精神避难所中走出来时会面临的尴尬、羞耻和屈辱体验的重要性。在第二部分，我

① 在本书中，我尽量避免使用性别歧视的语言，但有时为了简洁明了，我会用“他”或“他的”指代任一性别的分析师或病人。

描述了一个按羞辱能力排序的支配等级。害怕被视为低人一等可能会制造出一种威胁性的情境，以致病人难以放弃防御并摆脱“精神避难所”的保护。我认为，当无助感使得病人和分析师都面临失去熟悉的应对方式而受到威胁时，就会出现权力斗争。最后，第三部分探讨了影响改变的一些阻抗机制，以及妨碍或促进心理变化的影响因素，这些因素中有许多是关于哀悼和哀悼的困境。

第一部分　尴尬、羞耻与屈辱

走出精神避难所

近期的许多分析工作已将心理防御组织阐明为一种复杂的系统。这些防御组织表现为三种互补的形式：我们可以去探索个体所使用的防御机制，去识别防御所涉及的复杂的客体关系系统，最后可以将防御结构视作一种精神避难所（即“精神撤退”），即让遭受巨大打击、承受强烈的精神痛苦的人可以在此暂避焦虑，以获得相对的平静与保护。每一种形式都有助于我们理解个体总体情况的复杂性。首先，当我们考虑防御机制本身时，在大多数个案中表现为分裂、投射性认同和内摄性认同。其次，当我们从防御系统的角度看，我们意识到客体关系不是孤立存在的，而是总体组织中的一部分。虽然组织的结构和动力各不相同，但它们通常以强有力的方式结合在一起。我将这些组织称为精神病理性组织，其表现为对改变的高度抵抗。有时，权力关系起着至关重要的作用，例如罗森菲尔德举过一个案例，那个病人的内心世界中有一个自恋组织，如黑手党团体一般顽固而具有强烈的破坏性，病人深陷其中并被困在那里。最后，“精神避难所”这个概念使我们能够认识到，精神病理性组织在空间上也被视为病人可以撤退的避难所。在避难所中，病人躲避了他人的视线，以避免自己被看见，他们的客体也无法清晰可见。这些撤退可能表现为幻想，有时会出现在梦境中，表现为对房屋、城堡或堡垒等的想象，但通常会涉及一个团体，安全感源自作为团体成员的身份或被一个强有力的个人所保护。

躲在精神避难所的病人常常害怕出来，以避免将自己暴露在焦虑和痛苦之中，而这往往正是导致其首先启动防御的原因。从精神避难所走出来的最初也是最直观的后果，是一种被暴露和被观察的感觉。尴尬、羞耻和屈辱的感觉通常也会同时被唤起。例如，《皇帝的新衣》这个故事展示了自恋幻想的破灭，即皇帝想象的衣服是他用来躲避真相的精神避难所。当然，《圣经》中关于逐出伊甸园的记载，提供了一个更详细、更有启发性的被天堂放弃时所产生的羞耻感的描述。

一旦这些情绪被觉察到，病人就会感觉自己被暴露在他人的视野中，由此产生的影响一定会给其留下深刻体验。然而，羞耻感及其相关的情感直到最近才被精神分析学家所重视，但往往被克莱因学派分析学家们所忽视。事实上，兰斯基（Lansky，2005a）说的是对的。

> 克莱因和她那一学派的先驱们对隐藏的羞耻感所具有的动力表现出惊人的理论不敏感性，即便在他们提出的非常重要的发现中也是如此。
>
> （第875页）

我希望这本书在某种程度上，将羞耻体验与克莱因理论中的其他重要概念相结合，但我更关注的是病人从精神避难所中出来后所面临的广泛体验，而不仅仅是羞耻感。第一章简要回顾该领域的最新论文。

我所关注的情境是，当病人失去其精神病理性组织保护时，他们会感到被暴露在他人的凝视下。这有时可能是分析性治疗取得一定进展的表现，即精神病理性组织被削弱。在这些情况下，病人常常开始尝试采取行动以摆脱其保护，而更常见的表现是，病人将继续依赖于这一精神病理性组织，因为它的丧失预示着崩溃或关系破裂的危险。病人可能会抱怨他们离开精神避难所是被迫的，因为在离开之前，他们并没有完全准备好用其他方式去应对生活。如果没有这层精神病理性组织的防护服，他们会感到自己赤身裸体地暴露在外，并且常常会感到他人在以一种批评、谴责且很恐怖的方式观察他们。这些不适反应就像情绪连续谱，其严重程度各不相同，位于这个情绪连续谱较温和的一端是尴尬，位于较严重的一端是屈辱。在我看来，在这个领域存在大量表达情感的词，以帮助个体命名情绪，这对个体而言具有重大意义，并且个体也能够在它们之间做出微妙的区分。我们简单地按照严重程度递增的顺序，病人可以将自己的情感体验描述为尴尬、脸皮薄、不自在、敏感、脆弱、不安、难堪、脸红、丢脸、不当、不雅、不贞洁、贬损、难为情、被轻视、被污蔑、下贱、糟蹋、丑陋、贬低、耻辱、侮辱、羞辱、可鄙、窘迫、蔑视、无价值和屈辱。

尽管以上这些情感在严重程度上呈现出差异，但是当人们在体验到以上任何一种情绪的时候，都需要立即得到缓解。它们都与自卑感有关，通常与被蔑视、被嘲笑和被瞧不起的幻想有关。

看见客体与抑郁位态

从精神避难所出来的个体必然会面对焦虑，将其分为与“看见”有关的焦虑和与“被看见”有关的焦虑这两部分是有必要的。以前，像大多数克莱因派分析家一样，我没有过多关注被看见的议题，而是专注于与所看见客体相关的更深层次和更重要的问题的相关感受。罗森菲尔德描述了自恋组织如何保护病人免受分离的体验。如果分离没有恰当地发生，那么客体也就不能恰如其分地被看见。分离体验一方面伴随着分裂和否认，而另一方面则因病人的投射而改变。从精神避难所中走出来可以使病人更真实地看到所分离的客体，这迫使病人与先前隐藏的不想要的部分进行面质。这些新的认知也意味着病人不得不去处理羡慕、嫉妒、沮丧、愤怒、内疚和悔恨这些情感。

当病人从足够远的距离去认识客体，以使其能够被视为一个完整的形象，即好的和坏的品质都可以被发现时，与“看见”有关的焦虑就会被唤起。好的品质会激发爱和感激，但也会引起嫉妒和仇恨。对好的客体的攻击是不可避免的，当病人意识到好的客体被自己破坏或毁灭时，这些攻击会引起焦虑和内疚。从精神避难所中走出来可以为个体对客体有一个更真实的完整认知提供可能，但这个过程必然会导致难以忍受的痛苦体验。病人现在发现自己处于克莱因所称的抑郁心位，进一步发展的关键取决于其承受、忍受和从由此产生的体验中恢复的能力。

爱与恨的整合是我们必须面对的一些最深层冲突的基础，许多学者都对此进行了广泛的描述。对我来说，克莱因（1935，1940）、里维埃（Riviere，1936）、西格尔（1964）和罗森菲尔德（1964，1971a）的描述最为生动而丰富。克莱因对矛盾心理及其后果的理解，是她描述抑郁心位的核心，我发现她对这一主题的描述清晰而动人。以下是来自《梅兰妮·克莱因档案》（1936，位于威尔康图书馆，医学发展史）中的一个例子，是一篇未发表的关于操作技术的论文：

> 所有爱的感觉都始于力比多冲动，尤其是对母亲（她的乳房）的力比多依恋，从发育的一开始，仇恨和攻击性就很活跃，就像强大的力比多冲动一样。当婴儿能够感知并接受母亲作为一个完整的形象，并且对母亲乳房的力比多依恋已经成长为对她作为一个人的爱的感觉时，婴儿就会成为最矛盾的感觉的受害者。我认为，当婴儿在一定程度上意识到其所爱的对象，与讨厌和攻击的对象是同一个人时，并且在无法控制的施虐的快感和贪婪中继续攻击时，便会体验到悲伤、内疚和焦虑。悲伤、内疚和焦虑是与我们与所爱客体之间的复杂体验的一部分，也正是从这些冲突中产生了修复的

动力，这不仅是升华的强大动力，也是爱的感受中所内在固有的，影响着爱的质和量。

克莱因谈到婴儿“感知并接受母亲作为一个完整的形象”的能力，这种对母亲各方面的整合对婴儿来讲是难以承受的体验。对好客体的攻击会产生内疚，而好的部分会引起嫉妒，并试图通过破坏分离的方式返回精神避难所以获得保护。我们已经了解到，最普遍和最重要的退避方式是一种自恋性的客体关系，在这种关系中，属于客体的好品质被占用，而坏品质被否认。这些心理防御机制在自恋型病人中普遍存在，且已被广泛探究，它们干扰了自我与客体分离的体验，并阻碍了将客体作为一个完整的形象去感知和联系。

被看见与尴尬、羞耻和屈辱

分离的另一个重要后果便是病人感到自己暴露在被看见的情境中。当我意识到精神避难所是可以作为藏身之处时，这种分离所唤起的体验对我来说变得更加明显。当然，自恋包括一定程度的自我理想化，这反映在被崇拜的幻想中；当这种幻想破灭时，他自恋性的自我欣赏暴露无遗，病人不得不面对被看见的体验。随着被崇拜的幻想破灭，自恋性的自豪感被尴尬、羞耻和屈辱所取代，这些感受需要病人去面对和处理。病人可能会处于偏执–分裂心位占主导地位的被迫害状态，或者，他可以尝试退避到精神病理性组织的保护下。在任何一种情况中，向抑郁心位的过渡都会被逆转或延迟。

当病人开始从精神避难所中走出来时，尴尬、羞耻和屈辱等极度不舒服的体验是病人面临的最直接的困难。这些体验一般是难以忍受的，需要立即得到缓解。这种对缓解的迫切需要可能会阻止病人去面对更深层次的问题，例如内疚，如果要继续向抑郁心位过渡，就必须忍受这种内疚感。在分析中，由于分析设置固有的显著特征是病人处于被观察的位置，病人通常会感到尴尬、羞耻和屈辱。分析师如果可以让病人感到被认可和被理解，就可以帮助他们忍受这些不舒服的体验而不是逃避。

尴尬、羞耻和屈辱给被观察者带来特别残忍和痛苦的体验。病人会将观察者感知为有敌意的，觉得观察者在攻击其自恋状态的优越性，并试图扭转这一局面，使病人感到自卑。这些攻击通常会被病人想象为更严重的攻击的前奏，认为其目的是削弱和瓦解他，以使他被摧毁和消灭。施雷伯（Schreber）生动描述了屈辱感如何让迫害变得无法忍受。施雷伯的回忆录和弗洛伊德基于此的论文提供了关于抑郁症和妄想症的一段引人注目的描述。施雷伯这样写道：

> 有这样一场针对我的阴谋，目的是在我的神经病被确认或被认为无法治愈后，将我交给另一个人，以这种方式将我的灵魂交给他，但我的身体——变成了一个女性的身体——被那个人进行性虐待并被简单粗暴地抛弃，换句话说，任其腐烂……不管如何，主要目的是想离开我，也就是抛弃我……让我像妓女一样卖淫，往死里折磨我，摧毁我的理智。
>
> （施雷伯，1903，第63页）

施雷伯将最严重的痛苦称为“灵魂谋杀”。虽然这从来没有被明确定义，但它似乎涉及一个人可以承受的最深的屈辱和虐待，通过破坏他的价值感并摧毁其身份认同的核心部分，为他人谋求利益。这阐述了屈辱感的一个特征，即它总是涉及一个想要施加惩罚的个人主观意图。虽然尴尬和羞耻也可能如此，但并非总是如此。当痛苦不是偶然产生，而是作为一种惩罚施加的时候，由此产生的迫害就变得更难以忍受了。因此，难以忍受的不仅仅是与痛苦或危险的对抗，还是伴随着蓄意伤害及最终将其摧毁的意图。心灵迫害常常比躯体受到攻击更令人感到恐惧，例如在12世纪法国教师阿伯拉尔（Abelard）的叙述中，他因对爱洛伊丝（Heloise）的不检点言行而被阉割，并抱怨说：

> 整个城市的人都聚集在我家门前，那恐怖和惊愕的场景，夹杂着让我恼怒和痛苦的悲叹、哭喊和呻吟，是难以，不，不可能描述的。还有那些职员，特别是我的学生用他们令人无法忍受的哭泣和哀号折磨着我，直到我因受到他们的同情而感到的痛苦甚于我的伤口所带来的痛苦，我所感受到的伤残的痛苦，比我感受到的羞耻和屈辱要少得多。
>
> （芬顿，2006）

兰斯基（2005a）提出了类似的观点，他认为"处于克莱因提出的偏执–分裂心位的偏执并不总是完全来源于对身体被攻击或被破坏的恐惧，它通常也包括对蓄意羞辱的恐惧（偏执性的羞耻，例如，羞耻感来自对方羞辱自己的明确意图）"（第876页）。这种极端例子会使我们敏感地注意到那些不那么强烈的描述，但仍然会感到痛苦。正是这些观察使我对尴尬、羞耻和屈辱产生了兴趣，这些体验似乎无处不在，特别是在分析情境中，更容易被激活。当然，人们早就认识到，病人需要被尊重，他们对被轻视和不尊重的迹象非常敏感，但我没有完全意识到他们经常会感到被轻视和羞辱。分析情境会有很多的设置，例如时间、费用、躺在沙发上和确定休假时段，这些可能会被病人体验为分析师不公平地行使权力，把病人置于使他感到自卑和被轻视的位置。自恋性防御是用来处理这些感受的，这些防御通常能够扭转支配地位的局面，让病人产生优越感。然而，这样的优越感是建立在无所不能的幻想之上的，因此它是脆弱的，当自恋性防御崩塌时，病人会再次感到被轻视，恶性循环又重新开始。

凝视与被观察的重要性

罗恩·布里顿（1989）指出，被观察会引发尴尬、羞耻和屈辱，探讨凝视的重要性显得尤为必要，这能够帮助我们在移情中将原初客体和观察客体进行区分。他对俄狄浦斯情境的讨论让我们认识到，当父母之间关系亲密时，孩子对于被排除在外感到难以忍受，会倾向于分别与父母中的任何一方建立联系，这就意味着另一位父母将被排除在外，然后可能会被体验为一个超我的角色。这个观察者/超我人物（如父亲）会观察并且评判孩子与原初客体（如母亲）的关系，有时也会对其进行赞美、崇拜和鼓励。但是当父母之一（如父亲）被排除在外时，他往往会被孩子体验为具有迫害性质，并且通过威胁和羞辱来行使权力。在这些情况下，观察对象通常是经典版本的俄狄浦斯情结中的父亲，会干扰病人与其爱恨情感所倾注的原初客体的关系。

尽管进行了大量研究，但仍不清楚婴儿期里尴尬和羞耻感的发展过程（内桑森，1987）。有趣的是，在生命早期，幼儿对尴尬和羞耻并不敏感，例如裸露和如厕功能。然后，在某个阶段，通常是从第二年开始，尴尬以某种微妙的方式开始出现，带来了自由的丧失，仿佛幼儿也从天堂走出来了。如果羞耻感发展不起来，可能是因为儿童缺乏重要的约束因素，长大后可能会变得无耻；而如果约束力过强，儿童可能会对羞耻感过度敏感。

弗洛伊德本人评论：

> 幼儿基本上没有羞耻感，在他们早年的某些成长阶段，对于暴露身体表现出明显的满足感，尤其是性部位。想要看别人生殖器的好奇心，这种被认为是反常倾向的表现可能要到童年后期才会显现出来，那时羞耻感造成的心理障碍已经发展到了一定程度。
>
> （1905，第192页）

然而，如果这种被观察的体验过于具有迫害性，尴尬、羞耻和屈辱的感觉会干扰孩子对好客体的主要矛盾情感的修通，并阻止向抑郁心位的过渡。因此，从技术上来讲，分析被观察的体验是很重要的，这样才能解决更深层次的感受。

随着发育的进行，视觉在个体的成熟和物种进化上扮演着越来越重要的角色。以前味觉、嗅觉、触觉和平衡感占主导地位的地方，逐渐以视觉为主导。这些邻近感知觉在系统发育上更久远，个体最初就是通过它们表达原始的心理机制。分离对于建立成熟的客体关系非常重要，它依赖于视觉。但是当与客体的过分亲密阻碍了客体被恰当地看见，更原始的感觉通道就会发挥作用。尽管视觉提供了更真实和详细的信息，但相对天然的邻近感知觉仍然很重要，尤其是在我们探讨与食物、粪便、疾病、死亡和性等生活基本要素的关系中。在后期的发育中，眼睛接管了一些以前依赖于相近感知觉的功能。特别是，投射和内摄的发生会通过眼睛调节，例如，当凝视变得能够洞察一切，并可以用来走近客体以及与之发生认同。

第二部分　无助、权力与支配

俄狄浦斯情结的抑郁位态与偏执位态

对尴尬、羞耻和屈辱的关注会引出相对地位和权力的议题。支配地位的等级通常由凝视的方向和羞辱的能力来表示。自恋型病人对在关系中所处的地位尤其敏感。他们会幻想自己的优越感受到挑战，害怕自己被瞧不起。他们可能会觉得自己受到了拥有更高权力者的羞辱，往往心怀怨恨，导致他们通过逆转来寻求报复，从而重新获得优势地位。

每当存在差异时，就存在权力关系，紧张的关系往往会伴随着相对地位和权力问题的出现。在大多数家庭中，可以容忍对能力差异的接受，并不会产生太大的不公平感，但是当权力被认为是不公正的或是被篡夺的，或者当它以残酷的方式行使时，孩子们可能会感到怨恨，并诉诸自恋的身份认同，试图扭转羞辱。在我看来，弗洛伊德对解决恋母情结冲突的描述（1924）就是一个很好的例子，其中父亲的意志通过基于权力的权威强加给家庭一种结构，利用阉割的威胁恐吓孩子。这种方法并没有导致俄狄浦斯情结的解决（斯坦纳，1990b，1996b，1999），而是导致一场对峙，在对峙中，孩子心怀怨恨并策划报复。

我认为弗洛伊德的模型是俄狄浦斯困境的一种偏执型解决方案，在某种程度上，尤其是在自恋型病人中，它可能占主导地位。但是，它通常也与一种抑郁型解决方案同时存在，即如果孩子能够在行动中表达自己的仇恨，而不是将其视为不满藏在心里，就会出现抑郁型解决方案。当这种情况发生在精神病理性组织内时，人们熟悉的全能解决方案是基于这样一种幻觉：孩子打败了专制的父亲，并在与母亲的勾结下，篡夺父亲的地位。相比之下，如果他能够实现这种幻想，并摆脱无所不能的全能感，他就会意识到自己不仅攻击了父亲，而且攻击了整个家庭结构。他远远不足以胜任父亲的工作，幼稚的软弱和依赖变得显而易见。然后，他不得不面对自己的悔恨、内疚和绝望，而不是幻想中的胜利，这些都必须痛苦地去克服。如果能忍受最初的羞辱感，孩子就能够修通这些压抑的情绪，并且一种新的家庭结构可能会因此出现，在这种结构中，权威地位是基于实际努力而赢得的尊重且能够在家庭里占据一席之地，而不是通过全能幻想。

关于俄狄浦斯情结的大多数讨论都是集中在父子关系上，这也许是因为父子之间的竞争性更加明显而丰富，也更容易识别。当竞争发生在母女之间、母子之间，或者父女之间时，情况会明显不同，而当竞争发生在兄弟姐妹之间或丈夫和妻子之间时，情况又会有所不同。然而，在基础心理层面上，尽管年龄和性别不同，许多要素仍然是相同的。在所有情况下，无论是年龄、性别还是任何品质的差异，有时都不会被视为现实的痛苦，而是会引起被剥削和不公正的感觉。事实上，做出这种判断是非常困难的，因为剥削和虐待是生活和精神分析中非常真实的体验，但它们不是差异存在的组成部分。容忍差异对个体发展和创造力的发挥是必要条件，但差异也会引起嫉妒，尤其是当与不公正联系在一起时，破坏性会因此被放大。

对俄狄浦斯困境的偏执型和抑郁型的解决方案是相互交替的。在精神撤退中，偏执位态占主导地位，即病人逃离必须面对的与现实接触所伴随的抑郁处境。病人处理怨恨的能力是决定哪种解决方案占主导地位的关键因素。许多精神撤退都是基于怨恨的感觉，这种情绪之所以会得到滋养和维持，是因为病人没有信心从精神避难所中走出来，并将其表达为仇恨和复仇的愿望。

这些权力、支配和无助的议题根源于婴儿相对虚弱的现实，但如果孩子不得不与一位无法敞开心扉接受孩子投射的母亲去做抗争，这些矛盾可能会更加尖锐。孩子会感到无助，然后不得不求助于自恋机制来获得补偿。正常情况下，即使是新生婴儿也能对外界客体（例如，玩具）行使权力，并能通过他天生的微笑和哭泣所引发的反应，去感知自己的存在。通过这些方式，孩子通常甚至可以强迫一个不情愿的母亲去关注他的需求，但如果他的投射能力不足，或母亲在情感上无法满足他，则全能的幻想可能会发挥作用。微笑和哭泣可以发展为在家庭中行使权力的诱惑和胁迫手段，并导致形成一个自恋的组织来建构内在的家庭关系。

在一个拥有更加有效制衡的家庭中，父母双方中的任何一方都可以进行干预，以调节占主导地位人物（例如，另一位父母或孩子）的自恋专制。在这种三角关系中，孩子存在于一个保护他免受父母过度剥削的结构中，同时也保护父母免受孩子的接管和控制。当然，家庭中的这些权力关系与更广泛领域中个人、群体和国家之间的权力关系有关。个体也会内化这样一些关系模式，并且在移情中被重新唤起，表现为无处不在的对权力的对抗。

为了从精神避难所中出来，并修通俄狄浦斯情结，病人必须能够忍受处于偏执位态时感受到的侮辱，并从分析师的分析中获得足够的支持来度过这些侮辱。当他的分析师感觉到被强加了偏执的结构时，这可能很难协商。然而，只有当病人意识到忍受轻视和侮辱是有价值的，是帮助他去认识自恋性的自我膨胀过程中必要的一部分时，才会开始过渡到抑郁位态。如果这成为可能，病人对父母进行报复性攻击之后而感受到的被轻视可以被自我接纳，随后会感到内疚和沮丧。

在我看来，对俄狄浦斯情结的偏执型和抑郁型的解决方案，是个体在试图解决他所面临的冲突时的基本选择。当然，病人很少觉得他有选择的余地，因为潜意识的压力迫使他朝一个方向或另一个方向前进。罗伊沃尔德（Loewald, 1979）对同样的议题进行了讨论，当他建议病人必须在阉割和弑父之间做出选择时，他使用了严厉的措辞。达娜·伯克斯特德-布林（Dana Birksted-Breen）在一篇未发表的论文中得出了非常相似的结论，正如阿斯特（Astor，1998）在报告中所描述的：

> 她在论文中生动地描述了俄狄浦斯情结的两个主要解决方案，即偏执位态中，阉割的威胁在心理上占据了重要地位；而抑郁位态中，允许父母的性亲密存在，同时，羡慕、被排除在外和嫉妒最低程度地扭曲了对它作为生活事实的接受。
>
> （第707页）

俄狄浦斯情结的重要性及其解决方案的关键议题是本书中重点讨论的部分。第五章详细描述并且探讨了对主导权的争夺，这也是第六章的核心思想。在第六章中，我们阐述了俄狄浦斯情结导致的后果与原初的无助感有关。最后，在第七章中，我们讨论了抑郁位态如何使和解和宽恕成为可能，而偏执位态如何使这成为不可能。在我看来，这个话题尤其重要，值得强调。

俄狄浦斯情境中的抑郁和偏执位态之间的潜在切换，是个体发育发展过程中众多普遍和不可避免的转换中的一个特殊例子，即向抑郁位置的过渡和向偏执-分裂位置的回归之间中很重要的一部分。通常，个体所选择的用以解决冲突的方案似乎是基于被迫害和内疚之间的体验。梅兰妮·克莱因曾经在这一方面表明，她最重要的一个想法是对内疚的偏执防御。然而，偏执-分裂位和抑郁位都不是终点，整合期可能必须被打破，才能进一步使发展成为可能（布里顿，1998b）。

第三部分　哀悼、抑郁症与强迫性重复

本书的最后一部分继续深入探讨了二分法或分歧路径。这些路径似乎给了病人一定程度的选择空间，是前进还是后退。有时，焦虑可能非常严重，以至于不存在真正的选择，病人感到被超出他可以控制的力量驱使而采取防御行动。在其他时候，平衡是相对稳定的，在这里分析师可以发挥作用，帮助病人度过困难的阶段，使发展得以持续，尽管随后会出现焦虑和痛苦。即使是最难治的病人，也几乎总能察觉到一些改变。这种改变通常被理解为在偏执-分裂位态和抑郁位态之间的一种切换，这两种位态被认为是相互平衡的。然而，如果模型中包含了精神撤退，那么人们经常看到的则是躲进精神避难所和从中走出之间的交替。在这里，阻抗也不是静止不变的（尽管看起来可能是这样）；相反，如果个体不能承受焦虑，任何从避难所中走出来的尝试都可能导致个体迅速再次退避到精神避难所。

许多冲突的解决取决于个人忍受丧失的能力。当改变似乎成为可能时，个体会面临一种两难困境并且需要做出选择：一方面是要去面对丧失，另一方面是通过心理防御机制来否认丧失。放弃全能幻想，即意味着要面对丧失，所涉及的心理过程与经历丧亲之痛有很多共同

之处。弗洛伊德（1917）对哀伤和抑郁症的区分使我们能够追踪病人从一个阶段到另一个阶段所必须经历的一些体验。抑郁症可以被认为是哀悼失败，即无论是客体的丧失还是同时涉及的全能感的丧失，都超出了个体可以承受的范围。我们可以把抑郁症看成一种精神上的退缩，在这种退缩中，在趋近抑郁位态的过程中，又为了支持全能感而回避。如果病人能够从对抑郁症的否认转向面对现实，那么他必须面对和完成的就是哀悼。通常情况下，这需要对已丧失的所爱客体的认同，以否认丧失的发生，然后对这种否认进行第二次痛苦的逆转。弗洛伊德（1917）将此现象描述为：每一个记忆和期待的情境都显示了对所失去客体的力比多依恋，这些都会被现实（即客体不再存在）所检验（第255页）。正是这种现实的检验使哀悼的过程变得异常痛苦。为了巩固好的心理变化，这个过程必须反复进行。虽然这个过程在实际丧失发生后的哀悼中最为明显，但弗洛伊德认为，每当有冷落或失望的感受出现时，就会体验到失去了客体的爱，然后再次经历一个本质上类似的过程。全能感是个体应对客体丧失的防御，在这里，外部客体的丧失意味着全能感的丧失。

当对这一过程进行细微的观察时，我们会发现，当病人能够理解一种解释时，分析就会取得一定的进展，同时病人承认了一部分的丧失，因此也会伴随一定程度的抑郁。在这种洞察的时刻，对现实的检验能够使得投射被逆转。病人能够把属于对方的东西还给客体，同样重要的是，重新获得他因投射而不承认的自己的那部分。我认为，首先需要哀悼对客体的全能控制的丧失，然后对所丧失的客体本身进行哀悼，是导致分析发生有意义变化的原因。

分析师在促进病人进行哀悼的这一过程中起着至关重要的作用。他成为一个中心人物，首先是作为观察对象，给病人带来了直接的羞辱感，然后是作为被赋予爱和恨的重要客体被病人进行投射。如果病人能够承受住感觉自己是一个被排除在外的观察者的焦虑，那么分析师就能帮助病人应对与原初客体有关的强烈感受。同样地，如果他能应对自己作为原初客体的地位，他往往能够缓和被观察的迫害性影响。

在发挥促进者的作用时，分析师必须能够接受病人的投射，避免对他们做出过于极端的反应，并理解病人的沟通模式和他自己对沟通模式的反应。比昂（1962）把这个过程称为涵容（containment）。他认为，当病人以这种方式被理解时，他的投射对他来说变得更容易接受，然后他可以获得修正性体验。然而，在我看来，这种描述是不完整的。涵容可以缓解焦虑，使病人感到被理解，但它本身并不能实现真正的分离。我相信，在哀悼的第二阶段完成之前，投射是不会完全撤回的。在第一阶段，病人会内化一个客体形象，其中包含了自我的一部分，而这些部分仍然与客体本身密不可分。在这个实际分离阶段过程中，客体的丧失被一种全能占有的幻觉所否认。被分析师理解的感觉可以缓解焦虑，它依赖于分析师的权威。然而，理解必须从内部产生，它取决于独立思考和判断的能力，为了实现这一点，病人必须放弃对权威人物（包括分析师）的观点和判断的依赖。

放弃这种依赖性就进入了哀悼的第二阶段，这涉及走向独立和面对哀悼过程中的痛苦。在这个阶段，必须首先承认依赖客体的事实，然后必须面对客体丧失的现实，以使哀悼工作得以完成。这两个阶段经常发生强烈的阻抗。

阻抗、对女性气质的否认与强迫性重复

对改变的阻抗这个议题的探讨占据了弗洛伊德的一生，在他晚期的经典论文《可终结与不可终结的分析》（1937）中，这一点尤为突出。在这一文章中，他描述了那些坚持自己的病痛并通过一切可能的手段去阻碍良好改变发生的病人。当这种情况发生时，疾病本身构成了精神避难所非常重要的一部分。如果病人感觉到分析师在试图帮助自己，那么让分析师感到挫败的乐趣可能比病人从改变中获得的满足更直接。

弗洛伊德在探究死本能的时候，他很明显是在探究阻碍个体发展的力量到底是什么。他提出了一个在我看来令人惊讶并且非常重要的观点，他将这种阻力描述为“对女性气质的否定”。他认为，对于女性而言，对于其女性气质的不满导致她想要获得男性的特质，表现为她对阴茎的渴望；对于男性而言，采用女性化的做派会使他感到自卑，并导致了对男子气概的抗议。弗洛伊德认为：

> 关键在于，阻抗阻碍了任何变化的发生——一切都保持原样。我们常常有这样的印象：当发现病人存在对阴茎的渴望和对男子气概的抗议时，意味着我们已经洞悉了最深层的心理动机，因此我们的分析工作就可以结束了。
>
> （弗洛伊德，1937，第252—253页）

我想再次强调一下，在本书很多章中都提到了这一议题，例如在第三章和第五章，特别是第九章。我认为，“对女性气质的否定”更应该被认为是无法允许自己对好客体产生依赖。男性和女性都面临类似的问题。事实上，这正是男婴和女婴在处理与母亲、母亲的乳房的原初关系中必须采取的立场。正如比昂（1959）所描述的那样：特别容易对与好客体有关的接受性联结进行直接攻击，表现为对个体的发展至关重要的好乳房的攻击，以及对代表新生命、修复以及为个人成长提供潜在的安全结构的创造性阴茎的攻击。

对这些创造性联结的攻击会阻碍个体获得新的发展，并导致强迫性重复。接受性和依赖性包括爱和珍视一个客体。这也会激起仇恨和破坏性，因为它重新激活了嫉妒。同时，成长和发展的成就使得病人容易受到他人的嫉妒攻击。因此，对嫉妒的恐惧和被嫉妒的恐惧可能同时存在，两者都会对改变的可能性产生强有力的抑制作用。

有了这些关于阻抗的探讨，这本书可以被认为是一个完整的循环。尴尬、羞耻和屈辱的感受是用来识别个体被看见后的直接后果，我们现在可以认识到被看见和被嫉妒之间的密切关系，两者都与视觉和对美好事物的欣赏有关。如果病人觉得他窃取了美好的东西，并篡夺了它所赋予的权力，他就害怕被人观察到自己的真实面目，因为他害怕被人认为虚伪，被人看不起。然而，即使他相信自己有经得起检验的美德，他仍然害怕被观察，因为他害怕会遭到嫉妒的攻击。在这两种情况下，"恶毒的目光"都是人们所恐惧的。由于不存在绝对"好"的发展，这两个阻抗的来源总是在不同程度上同时存在。分析的任务是帮助病人准确地感知自己和他人的价值，接受被看见时的尴尬，并在取得真正成就时，能够勇敢地面对攻击。

结　论

本书中介绍的议题建立在我早先对精神避难所理解的基础上，观察并探讨了是什么使病人对精神病理性组织产生依赖，以及是什么阻碍病人从精神避难所中走出来。在这里提出的主要新观点是：从精神避难所中走出来会出现一种被观察的感觉，这导致了羞耻和屈辱感，特别是当自恋性防御创造了一种优越感的幻觉或错觉。我对观察对象有关的焦虑的认识，并没有削弱我对与原初客体有关焦虑的重要性的看法。然而，通常的情况是，当病人面对一个新的现实时，羞耻和屈辱是他最初面临的体验。如果要取得成功的进展，就必须忍受处于抑郁位态的焦虑。

我将有关论文放进本书中，尝试去理解当病人迈出发展的那一步时，他们可能会有的复杂的内心体验。这里面包括权力和支配地位，以及怨恨和报复的议题。最后，我探讨了哀悼的作用和一种采用具有女性化意味的接受性位置的困难。所有这些复杂的互动似乎都是相互关联的，既与本书中提出的新主题有关，也和多年来已经建立起来的旧主题有关。

本书大纲

第一部分

第一章（“被看见的焦虑：自恋的骄傲与自恋的屈辱”）讨论了与尴尬、羞耻和屈辱有关的主题，其中一个临床资料来自一个案例，他的防御是基于对优越感和崇拜的幻想，并且对别人的观察感到特别敏感。分析性设置让他有被暴露的感觉，他很容易感到自卑和被迫害。他对被观察的反应在他的病情中起到了核心作用。我还描述了他利用凝视来扭转羞辱的体验。他觉得自己可以通过兴奋的注视进入他的客体，以恢复他受损的自恋性优越感。

第二章（“施雷伯案例中的凝视、支配与屈辱”）详述了著名的施雷伯案例。利用施雷伯的回忆录和弗洛伊德的经典案例研究，来强调羞辱在施雷伯的崩溃中的作用。我在这一章中指出，施雷伯没有找到可以理解和涵容他痛苦的人，这让他无法面对羞辱，无法从他的偏执中走出来。

第三章（“改善与温和中的尴尬”）描述了一个病人，他曾经被困在一种阻抗型的自恋中，但他已经取得了很大的进步，并且想要走出精神避难所，更现实地面对自己和自己的客体。我尝试去阐述他可以用来获得隐蔽和自我保护的自恋性组织，以及他对被看见和被暴露的恐惧。然而，他也允许自己与更温暖、更温和的感情接触，这一点出现在他能够表达爱和感激的时候。该案例一个有趣的特点是，病人体验到的温和的情感也会让其感到尴尬和羞耻，因为他认为这些情感是女性化的，并担心会被别人瞧不起。

第四章（“将分析师移情为一个被排除在外的观察者”）区分了原初客体和观察客体，以呈现分析师如何被放在被排除在外的观察者的位置上。这一章节回顾了移情的历史背景，并描述了分析师如何被挑衅而在移情之外做出判断性的解释，以回应被排除在外和被轻视。

第二部分

在第五章（“俄狄浦斯情境中的统治地位之争”）中，我描述了在俄狄浦斯情境中可能出现的权力和支配权的冲突，并区分了俄狄浦斯情结中的偏执型和抑郁型的解决方案。书中使用的临床资料描述了一个病人的阻抗，他在分析性治疗中争夺支配权，并试图扭转他所认为的作为分析师角色的我对他的居高临下的支配地位。

在第六章（“分析会谈中的无助与权力的行使”）中，治疗关系中权力的重要性与自恋优越感的发展有关，是对无助感的反应。无助感的根源在于无法找到一个能够接受和处理病人真实情况的人。书中引用的临床资料描述了这样一种情况：病人在我看来是无法接近的，直到我认识到他也发现我无法触及他的表达和投射。

在第七章（“俄狄浦斯情境中的复仇与怨恨”）中，我使用罗伯特·路易斯·史蒂文森（Robert Louis Stevenson）的《绑架》（*Kidnapped*）中的一段话来探讨怨恨和复仇之间的关系。我认为，如果怨恨可以被表达为仇恨和复仇的意愿，这可能会带来有关俄狄浦斯情结的冲突解决向抑郁位态的转变。如果发生这种情况，怨恨可以在某种程度上被部分地放下，代之以宽恕。

第三部分

第八章（“哀悼与抑郁症之间的冲突”）讨论了哀悼的重要性，它与放下全能幻想和面对丧失的现实有关。通过哀悼，发展和改变成为可能，但是个体对改变的阻抗会导致抑郁症的发生。当个体开始处于抑郁位态时，哀悼和抑郁症之间存在冲突。为了哀悼，病人必须首先从他的精神避难所中走出来，面对看见和被看见的焦虑。事实上，面对全能感丧失和所爱客体的丧失的能力，是决定内在改变的可能性的一个核心要素。

最后，第九章（“强迫性重复、嫉羡与死本能”）聚焦强迫性重复，并讨论了嫉妒以及死本能如何阻碍个体获得好的改变。在我看来，强迫性重复表达了对变化的憎恨，不允许有任何新的发展，这与两性都难以忍受的接受性位置有关，这种位置通常被认为是女性化的、低人一等的。嫉妒和被嫉妒与看见和被看见的经历有关，如果分析师想要促进分析中的成长和发展，那么需要对这两个议题进行深入理解。

第一部分

尴尬、羞耻与屈辱

第一章 被看见的焦虑：自恋的骄傲与自恋的屈辱

看见和被看见都是自恋的重要方面。自我意识一直是自恋的一个特征，当病人失去一种自恋性的关系的保护，不得不容忍一定程度的分离时，自我意识就会变得敏锐。先前病人感觉自己被隐藏和保护，而现在他感觉自己很引人注目，暴露在注视之下，这使他很容易受到羞辱。这种经历会让人感到极具毁灭性和难以忍受，尤其是当病人自己用凝视建立一种居高临下的地位而产生报复情绪时。在这一章中，我描述了避免或缩短这种屈辱的需要是如此迫切，以至于病人无法处理内疚和其他与丧失有关的情感，而这些情感本来是可以忍受的。如果病人不能获得足够的支持来了解自己所受到的屈辱，并更好地承受这种情绪，就会妨碍病人的病情发展。

我们都熟悉被观察时所引起的情绪，我们知道被人注视会产生愉快和不愉快的感觉，它可能导致自豪感、被赞美的快乐以及对暴露癖冲动的满足，然而，它也会导致极其不舒服的感受，如尴尬、羞耻和屈辱。我想在这一章里集中讨论这些感觉，因为我认为它们在临床实践中很重要，可以深刻地影响病人的分析体验。此外，羞辱似乎是一种特别难以忍受的东西，它需要立即得到缓解。它可能会非常可怕，以至于病人一门心思地想要避免这种体验。有些病人试图躲避他人的视线，有些病人试图通过引起别人的钦佩来扭转这种体验，还有一些病人试图通过羞辱别人来保护自己。在移情关系中，可能会发生争夺支配权的斗争（斯坦纳，1999，以及本书第五章和第六章），在这时候，凝视的方向是显示权力和地位高低的重要指标。当病人觉得自己渺小、依赖他人、被人瞧不起时，他们会感到屈辱。他们可能会通过看不起分析师，或试图拉拢分析师加入他们一起看不起别人来保护自己不受这种感觉的伤害。那些通过内省或投射的方式获得优越感，从而获得自恋的自豪感的病人尤其会觉得他们的防御会被对方看穿，并会觉得那些被自己贬低的对象会试图通过羞辱的方式对自己进行报复。

罗森菲尔德（1964）认为，自恋关系最重要的功能是避免主体和客体分离的体验。投射性和内摄性认同使自恋的病人能够拥有属于客体的理想品质，并摒弃那些不理想的品质，这让他无法与一个真正分离的客体发展关系。与其和一个独立于自身的客体相联系，自恋的病人会倾向于否认自己的依赖，并表现得好像他拥有所需要的所有品质和能够滋养自己的爱。如果病人失去了这种无所不能的自足感，就会触发引起焦虑的依赖性需要的感觉。如果有客体令他感到沮丧，他会以愤怒和失望来回应；与此同时，如果他认识到自己对客体的好品质的爱和依赖，他就需要直面自己的嫉妒。罗森菲尔德指出了自恋性的客体关系是怎样使病人远离这些焦虑的。当他的全能感受到威胁时，这种不安就会出现，使他无法逃避。

当自恋性组织被削弱或者被瓦解时，会帮助病人更加清晰地看到客体，从而导致焦虑。然而，与此同时，病人也必须处理被看到的后果和可能由此带来的羞辱。我曾经描述过自恋性组织是如何创建精神避难所的（斯坦纳，1993），在那里病人可以隐藏自己以避免被看见。在本章中，我讨论了当避难所不再可用时，病人所面临的情况。在这些情况下，他可能会觉得在他准备好面对一个怀有敌意的现实之前，他会被强迫去面对它，他可能会觉得他正在被观察、评价和不被认可。

如果主体离客体太近，视觉是无效的；只有从一段距离外观察，客体才能进入视野。被看见的状况也是如此。只有走出精神避难所，并且和客体保持一定距离，才有可能产生带有敌意的凝视。被看见和看见都会引起焦虑，这两种来源的焦虑都会导致自恋性心理防御机制的加剧。由于凝视可以被用来重新建立一种自恋性的关系，情况就会变得复杂；“看”可以作为一种进入客体的方法，以便在那里避难并再次控制和获得属于客体的属性。在这一章中，我所呈现的临床资料表明，病人在使用这种方法时特别害怕屈辱感。

暴露在凝视下或多或少会导致某种程度上的不适，这种不适伴随着一系列的感觉，从尴尬到羞耻再到屈辱。英语中与这些情感相关的大量词汇证明了这些情感的重要性。略举数例，病人可能会感到被轻视、被贬低、被玷污、堕落、像个丑八怪、丢脸、耻辱、受辱、被蔑视、无价值和脆弱。虽然在这个谱系上有重要而微妙的区别，但随着一个人从屈辱到羞耻再到尴尬的过程中，不适的感受通常会减少。不过即使是那些遭受害羞、脸红和自卑的人，也都急切地想要得到慰藉。这种体验的艰难反映在对屈辱、尴尬和羞耻的典型描述上。“我宁愿死，也不愿再面对这一切”或者“我希望大地裂开，把我吞没”，至少在某些文化中，屈辱可以作为报复和自杀的正当理由（本尼迪克特，1946）。

近几十年来，一些研究重新燃起了人们对羞耻的兴趣，并产生了大量重要的文献，尤其是来自美国的文献。维尔姆泽（Wurmser，1981，1987）可能是这些作家中最有影响力和重要性的一位，也是最扎根于经典精神分析方法的其中一位，他给出了羞耻感的详细定义，并将其与内疚清楚地区别开来。他提供了许多临床案例，以令人印象深刻的细节讨论了羞耻感的各个方面，并将羞耻感与自恋和被观察的经历联系起来。

科胡特（1971）对自恋以及客体在肯定或否定孩子的自我形象时起到的作用的讨论，重新激发了人们对羞耻感的兴趣。特别是莫里森（Morrison，1983，1984，1987）对科胡特的研究结果进行了扩展和阐述，并描述了如果外部客体不能确认病人的自我意识，羞耻感是如何产生的。内桑森（1987）编辑了一本有趣的关于羞耻感的论文选集，其中他还讨论了羞耻感在社会关系中是如何被用来创造阶级权力的。兰斯基（1996，2001，2005，2005a，2007）详细阐述了无意识或隐性的羞耻感的重要性，这种羞耻感有时会被内疚所掩盖，他还在羞耻感和嫉妒之间建立了一个重要的联系，他指出两者都是由攀比引起的，而嫉妒通常是由羞耻的自卑感激起的，像这个领域的许多作者一样，他对古典文学中的人物进行了有趣的研究。

与羞耻感相关的早期研究可以从埃里克森（Erickson，1959）有关身份与发展的著作、本尼迪克特（1946）关于羞耻感和内疚文化的人类学著作，以及将发展心理学的一些发现应用于临床工作的H. B. 刘易斯（H. B. Lewis，1971）的著作中发现。

虽然欧洲人对羞耻感的研究贡献不多，但有时也很重要。费尔贝恩（Fairbairn）认为当一个孩子的爱被拒绝时，他就会体验到羞耻感（费尔贝恩，1944；同见奥格登，2010）。

> 同时，面对母亲的拒绝时，孩子表达对母亲的力比多的需求（例如，他萌芽的爱）也会成为一个危险的过程；这相当于他将力比多释放到情感真空中，这种释放伴随着一种极具破坏性的情感体验。对大一点的孩子来说，这种体验是一种强烈的屈辱感，因为他的爱被贬低了。在某种更深层次上（或在更早的阶段），这种体验是一种对显露的需求被忽视或被轻视的羞耻感。由于这些屈辱和羞耻感的体验，孩子感到自己沦落到一文不值、一无所有或穷困潦倒的境地，他的自我价值感受到了威胁，他感觉很糟糕，因为觉得自己“低人一等”。
>
> （费尔贝恩，1944，第84页）

费尔贝恩认为，这种情感体验是“极具破坏性的”。在一篇丰富而详细的文章中，约克（Yorke，1990）报告了对母亲-幼儿群体的观察性研究。他和他的团队观察到，羞耻感对一些孩子来说可能很重要，甚至会导致孩子丧失能力，尤其是在如厕训练和清洁方面。约克还回顾了对羞耻感的早期研究，以及弗洛伊德在这个问题上的贡献。

米隆（Mollon，2003）的另一篇文章采用了科胡特的观点来探讨这个问题。

威尔逊（Wilson，1987）回顾了关于羞耻感的法语著作。他说，乍一看这个主题似乎被忽略了，然而有许多重要的研究涉及羞耻感，特别是格林（Green，1983）的研究，格林将俄狄浦斯的内疚与索福克勒斯戏剧中阿贾克斯的羞耻感进行了对比。除此之外，多奈德（Donnet，2009）撰写的一篇有趣的论文还探讨了康拉德笔下的主人公吉姆老爷所背负的终生耻辱。在欧洲，还应该提到德国精神病学家塞德勒（Seidler，1995）的一本书，这本书涵盖了许多哲学方面的内容，对羞耻感进行了全面概述。

特别值得一提的是克里斯多夫·里克斯（Christopher Ricks）在《济慈与尴尬》（*Keats and Embarrassment*）一书中的迷人的研究（1976）。在研究中，诗人对羞耻的敏感性得到了充分的说明。里克斯考察了一个广泛的领域并讨论了戈夫曼（Goffman，1956）的社会学研究，和达尔文关于脸红的描述一样，该研究将尴尬与个体身份联系在一起。

也有相当多的文献研究凝视的作用，特别是从身份感发展的角度出发，许多作家将这种身份感与被观察的经验联系起来。在拉康（Lacan，1956）富有影响力而复杂的论著中，他对个体发展中镜像阶段的描述是十分重要的，同时在温尼科特（Winnicott，1967）更多基于临床的观察中，他将母亲的脸描绘为“第一面镜子”。温尼科特问道：“当婴儿看着母亲的脸时，他或她看到了什么?”之后他回答说：“一般来说，婴儿看到的是他或她自己。”（温尼科特，1967，第112页）。在我看来，显然温尼科特描述的是一种自恋性客体关系，这几乎让我想起了那喀索斯在水中看到自己的形象。然而，温尼科特关心的是自恋不应该被过早地解读。与科胡特（1971）一样，他强调了母亲的赞许对孩子自尊的重要性，这一观点得到了赖特（Wright）的赞同，赖特认为“‘他者’传达给孩子自己的形象，这会成为孩子了解并认识自己的形式”（1991，第270页）。这一观点与许多克莱因流派的分析师的观点不同，他们认为，重要的是要避免与病人想要保持自恋理想化的愿望共谋。虽然我不同意温尼科特和科胡特在这一点上的观点，但我知道病人可能对被人看不起和被羞辱很敏感。如果羞辱的倾向被识别出来，分析师或许能够帮助他面对痛苦的现实。

如果我们要想在临床上识别这些状态，我认为我们必须在概念上为它们找到一个定位。为此，布里顿的描述很有帮助。布里顿基于他在三角空间的工作（1989），描述了孩子与原初客体（或者说欲望客体）的关系，如何因意识到次要客体变成观察客体后变得复杂，从而判断孩子与原初客体之间的关系（布里顿，1995年个人通信）。这让我想到了一个简要的描述：对原初客体的不满经验主要导致内疚，而与观察客体有关的不满经验则导致羞耻感。在克莱因关于抑郁位态的描述中，内疚得到了很大的关注（克莱因，1935，1940；斯坦纳，1990a，1993），但羞耻感与观察客体之间的关系并没有得到普遍关注。当然，观察客体的评判性是弗洛伊德提出的俄狄浦斯情结的核心。在俄狄浦斯情境中，父亲是行使评判和威胁性惩罚的权力和权威的代表，这最终会以阉割和死亡的形式呈现。赞扬或责备、奖励或惩罚，是观察客体的功能，并会被纳入关于超我的经典描述中。

就我所能理解的而言，这个主题是拉康观点的一个核心特征，即父亲的角色

> ……象征母亲和孩子之间的天然联结破裂的时刻，也像通过语言或从第三人称视角去了解文化的时刻。“阴茎的丧失”不是指代一个解剖学的器官或一个特定的人，而是一种隐喻，它意味着人类与其欲望客体的分离。它指的是女孩和男孩都会出现的缺失。
>
> （伯克斯特德-布林，1993，第11页）

在我看来，正是这种对第三观察客体，并且往往是具有专制性的

客体的引入，赋予了超我与羞辱相关的迫害特性。

当我们意识到羞辱是来自超我形象的威胁的重要组成部分时，凝视的关键作用就变得显而易见了。超我的这种羞辱性是众所周知的，但它的普遍性和重要性有时却被低估了。一旦我们注意到它，就会发现它在许多临床情境中发挥着重要作用。

在我看来，羞耻感在维持原始超我的力量，以及阻碍向抑郁位态中更成熟的超我的发展方面扮演着重要的角色。当然，这种表述只是一种示意性的，仅作为概念上的指导。在实际的临床情境中，情况要复杂得多。例如，观察客体通常由原初客体用来观察的那部分来代表，往往是母亲的眼睛，而观察客体也经常转变为原初客体，以致它所带来的羞耻感与内疚交织在一起。羞耻感和嫉妒之间的关系经常是混淆的，这种概略的表述也可以帮助我们去概念化这两者之间的关系。凝视在这两种感受中都起着核心作用，“恶毒的目光”虽然主要是嫉妒的象征，但也会让被凝视的人感受到被羞辱的威胁，并构成比昂所说的自我毁灭性超我的一个重要方面（比昂，1959；布里顿，2003）。

虽然我之前提到关于羞辱的探讨在已有理论建构中相对被忽视，但克莱因学派的一些作品其实已经探讨了羞辱。罗森菲尔德在其后期的论著中明确指出了羞辱的重要性。他描述了一些病人是如何“感到羞辱和挫败的，因为他们发现是外部客体承载了他们认为属于自己创造力的好的品质”（罗森菲尔德，1987，第105页）。霍妮（Horney，1936）在这之前已经提出了这一点。她指出，自恋型病人在分析中遭受羞辱性的自恋创伤是多么普遍，并描述了病人如何通过试图羞辱分析师来本能地进行报复。类似的主题也出现在科胡特对自恋损伤之后的自恋性暴怒的描述中，其中“嘲笑、轻蔑和明显的挫败”起了主要作用（科胡特，1972，第380页）。在这种背景下，斯托勒（Stoller，1975，第64—91页）提出变态和情欲的一个重要功能是扭转屈辱感。这些关于羞辱的讨论让我们意识到，它是多么令人难以忍受，但已有的研究并没有明确地将其与凝视联系起来。

西格尔（2007）在一篇关于视觉在精神病中的作用的论文中，描述了凝视和羞辱之间的可能关系。她描述了一个病人，从有着“健康的好奇心”变成一个无所不能、无所不知的窥视癖。就像我描述的那位病人一样，从窥阴癖变成了暴露癖，因为“使用他的眼睛的全部意义在于进入他的客体，扭转那种渺小的感觉，成为一个被羡慕和嫉妒的客体”。虽然西格尔没有直接具体地讨论羞辱，但她描述了她的病人对被看穿的恐惧。此外，里森伯格·马尔科姆（Riesenberg Malcolm，1988）在一篇论文中对一个病人的特殊情况进行了详细的描述，这个病人似乎通过使用一种跟镜子有关的异常幻想来保护自己免于崩溃。在这种幻想中，被观察和被羞辱是他的核心主观体验。窥阴癖和暴露癖在幻想层面的表现尤其突出，病人激发了分析师的好奇心，并将分析师当作一个兴奋的旁观者。

凝视的作用是本书第二章的论述重点，我们使用施雷伯案例进行了阐述（参见斯坦纳，2003）。被羞辱的体验是施雷伯抑郁症的一个主要特征。这种屈辱感迫使他急切地需要解脱，他找不到一个可以支持他面对现实的客体，并因此感到挫败，这就意味着他不能容忍自己的内疚感，因此这种感觉也就不能作为他后悔和修复的动力。在我后来一篇论文的第八章（2005）中也提出了类似的议题。我认为，在一些病人中，走向哀悼和走向抑郁，两者之间存在冲突。这里我想再次强调，如果屈辱感很严重，而且分析师没有及时发现，那么病人就会朝抑郁症的方向发展，并延迟或阻碍必要的分离，因为分离是面对客体丧失所必需的过程。

一些对羞辱特别敏感的病人似乎在他们的分析中生动地再次体验了这些羞辱感。然后他们可能很难获得进展，因为在他们看来，每一个可能的改变似乎都会威胁到用以保护他们的自恋位置。病人通常能够意识到自己对被观察的恐惧，但是他和分析师总是很难意识到分析设置本身的常规方面，如躺在沙发上、在规定的时间开始和停止会谈，或者是如果被其他病人看见，这些设置本身都可以让他感觉到被暴露和被观察，并因此感到痛苦。此外，被分析师倾听和理解的过程其实是分析过程中非常重要的部分，也会让病人产生类似的被观察的痛苦体验。如果病人感受到的屈辱的痛苦极其严重，并且分析师所做的任何观察都让病人有类似的体验，那么无论分析师如何以富有同情的方式去表达，都会出现一个技术性难题。与此同时，这经常也会使分析师感到内疚，因为他觉得自己无法避免给病人带去屈辱的痛苦体验。

临床资料

我尝试通过病人E先生的一些材料来论述这些议题。E先生非常在意别人对他的看法，并努力掩饰自己的害羞、尴尬和胆怯。在他的童年经历中，母亲患有抑郁症，这让他很难确定自己是否真的是被爱着的。他因此常常感到没有安全感，他害怕这会让人们认为他有什么不正常和不一样的地方。

这是病人进行分析的第三年，以每周五次的频率进行。在这个阶段，他倾向于通过使用一种快活的热情来处理自己的羞耻感，这给人一种不协调的印象，即他正努力地想成为一个他不是的人。这通常跟一种小丑行为有关。在很长一段时间里，他坚持试图让我和他一起讨论天气或地铁的不可靠性这样一些话题。当我没有回应时，我觉得我对他很刻薄，而这似乎让他感到局促不安和沮丧。

我首先观察他在与我互动时使用眼睛的方式，他一开始是以一种亲近的方式来观察我，然后将其投射到我身上，最后检验投射是否成功。我发现这些互动很有趣，但这让我感到不舒服，尽管我怀疑他这样做的目的是避免与羞辱相关的渺小感。当投射成功时，他似乎觉得他可以看不起我，并且，他通过引起别人赞赏的方式来寻求证实。当投射失败的时候，他经常感到被揭穿，害怕自己会被指责为窥阴癖和侵入者。有迹象表明，小丑表演也可能是一种狂躁的防御机制，以抵御更深层次的悲伤和空虚感。

他对我的家庭和职业生活非常好奇，对我没有更坦率地谈论这些感到受伤。起初，他只是出于一种普通的好奇心，用他的眼睛来发现关于我的事情。但后来，他的兴奋变成了一种窥阴癖，他可以用他的眼睛进入我，并认同我。

有一天，他进来跟我说，我的厕所门半开着，他可以透过缝隙看到马桶座圈是竖起来的，他觉得我一定是站着小便的。在接下来的会谈开始时，他说他刚上完厕所，当他小便的时候他会想到我站在厕所里小便，他想知道当他想我的时候，我是否也在想他。我回应了他把我和他视为同一个人的方式，并把这种方式和他注意到的那扇门的缝隙联系起来。他觉得他以这种方式战胜了我，这似乎消除了他在等待会谈、躺在沙发上，或者觉得我在看不起他时所体验到的渺小感。

当他描述他站在厕所里的幻想时，我以为他是要让我佩服他，以这种方式来确认他已经成功地扭转了羞辱。但他同时也在猜测，我最终总会找到某种途径，重申我的优越性以让他感到被贬低。我认为与作为观察客体的分析师的关系是十分重要的，他要么感到被我贬低，要么感到成功地贬低了我。

在接下来的会谈中，更详细地呈现了“看”作为一种好奇心的表达。他迟到了十五分钟，然后把支票递给我。他说，这是一个月中最特别的时刻，他把支票拿给我时，可以环顾四周，并看到我身旁地板上的文件。然而，他说，当他这样做的时候，他感到被观察和不舒服，这可能是他只看了一眼文件的原因。他接着说，我椅子周围的文件比他意识到的要多。他看到一个笔记本和一些纸，还有一堆不清楚是什么的东西。他想知道我为什么不把它们放在桌子上，他猜测也许我更想把它们藏起来。这些文件让他想起了他堆积在客厅桌子上的旧账单。在他的生活中，他屋子里的物品不断堆积，却没有得到恰当的整理。

我回应道，当他可以俯视我时，他就不再感到渺小和自卑了。他认为我们本质上是相似的，如果我看不起他，他也会看不起我，就像他之前说我俩都站在厕所里一样。现在，他看到我们都被一种类似的混乱所包围，也不主动去处理一些事情。他说，这种混乱让他想起了人们认为他母亲的抑郁症让他感到不安和困扰。他一直不明白这一点，但现在他认为，也许是这个让他陷入了混乱。他记得他发现母亲很难相处，尤其是当母亲表现得好像一切都很正常的时候。他还记得他父母在英格兰北部的房子，他母亲以前将屋内的餐厅作为自己写作的地方。我以前曾听他模糊地提及他母亲的作品，但从未听到过任何细节。现在，他解释说，她有一个特殊的兴趣领域，她在这个领域进行了一些写作，他描述了那个餐桌是如何被文件和书覆盖的，餐桌上面还有一台打字机，他认为我的那堆文件就是这种情境的重现。他想知道当他们招待客人的时候，母亲是如何处理这些纸张的？也许母亲把它们清理掉了，但他对此表示怀疑。为什么他从来不问呢？也许一个十岁的男孩对此不感兴趣，但他认为不是这样的。也许是母亲不想谈论。

我说，发现地上的这些文件激起了他的好奇心，但他意识到了我的沉默，因为我没有回答他关于我自己的问题，而且除非他采取特别的措施来试图查看，否则我会把我的私人事情隐藏起来。如果他能从我的防御中找到一个缝隙，就能进入一个他常常觉得被排斥在外的领域。一开始，他觉得我们都坐在一堆乱七八糟的文件里，这让他感觉不那么容易被人看不起，因为我们被认为是相似的。随后，他想起了他的母亲和她的工作，这让他更加意识到我身上值得他重视和尊重的一部分。

最初的互动似乎主要是与一个观察客体进行的，病人在互动中通常很容易体验到羞辱感，如果我看不起他，他就会感到羞辱，如果他能看不起我，他就能扭转这种被羞辱的处境。然而，一种不同的联系出现了，我对这些文件的解读，让他想起了母亲的写作。他认为我和他母亲都是写作的人，他意识到自己缺乏在这一领域的成功，但是现在我们之间的差异似乎并没有如此令人感到羞辱，他没有像以前那样立刻试图通过表现得很热情来反转羞辱。在这里，他似乎能够将分析师视为一个重要的客体，并带着遗憾和失落的感觉与他对母亲的记忆联系起来。

对他来说，对差异的容忍是不容易维持的，然而在我看来，这种容忍持续到了下一次会谈。在会谈中病人描述了一个梦：

> 在梦中，他正在更换卧室的地板。他想知道这些地板是怎么丢失的。一开始，他把木板放错了位置，但他很快意识到，舌状物必须放入凹槽里。当他把木板转过来的时候就合适了，但木板还是太短了，有些地面还是没有被覆盖。

这让病人想起了他的餐桌。在过去的一周里，因为有人来吃饭，病人把可活动桌板放进去又拿出来好几次。他的朋友查尔斯曾帮忙，他们在安置可活动桌板时遇到了一些困难，需要把活动桌板转到正确的方向，以便使螺纹接头进入孔中。我解释道，他意识到了一些不对称性。有正确的方式也有错误的方式来解决问题，我曾经在这个方面帮助了他，就像他的朋友查尔斯所做的那样。

这是一次更加深度的会谈，一个友善的分析师可以帮助他理解一些事情，以及认识到差异是存在本身的一部分特质，例如，我们说话的方式、男性与女性、成人与儿童之间的差异。但当觉察到这些差异的时候，也会伴随着失落感，与丢失的地板和地板留下的缝隙类似。然而，对这个缝隙的处理方式与对发现厕所门留出的缝隙是截然不同的，它似乎代表了病人从把我当作激发羞辱的观察客体，转换到把我当作一个原初客体来关注，他能够与这个原初客体谈论他的悲伤，而不是以过度热情的方式来回避羞辱。

这种深度的会谈时刻是短暂的，很快就转换为高涨的兴奋。周末之后，病人穿着一套引人注目的西装进来，这是一套他很少穿的西装，显得精明、令人愉悦和与众不同。他这次坐火车到这里来的路上，有一段路程是和一个同事一起。他意识到自己没有向对方提及自己今天要去哪里，而同事恰好也没有问，这让他因此松了一口气。也许同事已经知道了他要去接受个人分析，或者同事已经猜到了问这些问题可能会让对方感到尴尬。

然后病人提醒我，这套西装与一次令人尴尬的事件有关。在那次事件中，他对一个朋友的妒忌导致他以某种不恰当的方式侵扰到了对方，而他的所作所为几乎威胁到了他们之间的关系。我解释说，当他感到被排除在外时，他害怕更不安的事情会发生，所以小丑行为是他应对这种恐惧的方式。我给了他如下一些反馈，即他更清楚地意识到自己的妒忌和侵入性的攻击可能带来的破坏。我猜想，他的妒忌，以及他对这种妒忌更强烈的意识，可能是由前几天我们深入的会谈所引发的。那次会谈使他对我有能力享受与他在一起的工作感到嫉妒。

在这次会谈后没过多久，他在当天的会谈开始时，非常详细地描述了一件生活琐事，他讲述了自己是如何努力修理家里的一个水管。他说在凌晨一点，他收到了一个朋友发来的短信，在短信里朋友给了一些如何修理水管的建议。他很震惊，意识到自己一定是在纠结的时候给朋友打过电话。我认为这个问题让他产生了需要的感觉，但他很快就摆脱了这种感觉。而令他印象深刻的是，这些感觉一直停留在他朋友的脑海里，事实上也让朋友为此到半夜都还没睡着。

他之后提到，在一次办公室会议中，他完成的一项工作得到了表扬，但这让他紧张不安。他试图表现出高兴的样子，却听到自己说"哇!"，这是他没有预料到的。"哇"是他兴奋时会用的词，而在这个情境下，"哇"似乎是对工作取得成就的一种满足感所带来的。我告诉他，他在工作中和解决家里的水管问题后都感到了一些满足。但是，如果他觉得他的想法进入了我的脑袋，并且这些想法让我像他朋友那样，因兴奋和担忧而无法入睡，他似乎就会感到兴奋。如果我没有变得兴奋和焦虑，他就不确定他是否与我建立了联系。有时他觉得自己必须成为一个入侵者，以确保我对他感兴趣。

讨 论

这些临床资料表明，视觉所起的特殊作用远远超出了将眼睛视作获取外部世界信息的基本媒介。病人在被他人观察时，很容易产生屈辱感。这可能是一系列旨在扭转屈辱感的防御性和攻击性策略的原点。在这种类型的互动中，观察客体和凝视发挥着核心作用，既是作为一种机制，也是一种隐喻。然后，优越感和自卑似乎成了重要的体验，即如果病人感到被贬低，他就会试图通过获得优越感和投射自卑感来扭转这种局面。

我发现，如果把这些临床情况与视觉在个体和生物系统进化发展中的作用联系起来，就会更加容易理解视觉功能和作用的延展。在这两种情况下，视觉被用在以前味觉、嗅觉、触觉和本体感受占主导地位的地方。这些邻近的感知觉在生物系统进化上更为古老，而且个体最初是通过这些感觉来表达原始的心理机制。例如，内摄最初与进食有关，而投射则与反胃、呕吐和大小便的排泄有关。

对邻近的感知觉的依赖有利于部分的客体关系，因为客体和自我如果想要被成功地视作一个整体，必须有一定程度的分离和距离存在。尽管视觉提供了更精确和详细的信息，但相对原始的邻近的感知觉仍然是重要的，特别是在我们与食物、粪便、疾病、死亡和性等基本生命元素的关系中。然而，它们在许多领域都被视觉所取代，在童年后期，这些体验会与羞耻和屈辱感有关。

如果感受屈辱的经历过于痛苦，分离会变得难以忍受，病人可能会通过使用眼睛消除对分离的意识，重新创造邻近的感知觉。这种机制依赖于眼睛接管以前依赖于邻近的感知觉的一些功能，这些功能与部分的客体关系相关。特别地，投射和内摄现在以眼睛作为媒介，凝视变得具有穿透性，不仅可以把客体当作一个整体来观察，而且可以进入客体和认同客体。与“进入”相关的兴奋将幼儿的位置从观察者变为偷窥者的位置。这种认同可以导致幻想的进一步转变，从远距离的观察者转变为与身体接触的参与者。就好像视觉开始被用作一种邻近的感知觉，使部分的客体关系得以重新建立。

婴儿还发现眼睛有一种引诱人的力量，他可以通过使用眼睛来把母亲吸引到崇拜的位置上，以此作为抵抗羞辱的重要手段。实际上，婴儿和母亲之间可能会发展出一种以相互崇拜为基础的关系，这种关系往往会被色情化，并通过凝视表现出来。有时，这种崇拜可能会具有妄想的色彩，并变成二联性精神病［folie à deux，梅森（Mason），1994；D. 斯坦纳，1997］，而这在很大程度上取决于母亲和婴儿与现实保持连接的能力。

除了视觉，听觉也能成为拉近距离的媒介。在生命的早期，尖叫是一种交流和投射痛苦的重要手段。后来，随着语言的发展，言语和听觉成为更重要的媒介。当然，话语是精神分析的重要媒介，它们与视觉的关系是复杂的。虽然原初情境是一个视觉的概念，但听到的次数或多于看到的次数，关于它的不同的含义可以通过言语思维获得理解。就像视觉接管了一些邻近的感知觉的功能而没有取代它们那样，听觉，尤其是语言也接管了视觉的一些功能。目光对视与直视某个人的眼睛，这些都是视觉行为，但它们的隐喻意义却是以语言为媒介表达出来的。在一些分析情境下，赋予意义的解释会让病人感到被观察，甚至在他感到被理解时，都可能会让其产生羞辱体验。

我相信，利用以上这些观点来理解我的病人在分析情境下的一些体验是完全可行的，我的病人倾向于将分析的几乎每个方面都视为羞辱。这似乎是因为他开始从一个自恋的组织走出来与我接触，并更多地把我看作一个完整的人。他可以在较短时间内容忍这种情况，但他很快就会开始觉得自己失去了优势位置，这让他感到渺小和被排斥，于是他试图通过扭转局面来应对这些难以忍受的感受。进入我私生活的某个领域，让他觉得自己可以获得他所认为的关于我的被禁止的知识，这往往会导致一种偷窥的情境。在这种情境中，他通过注视我而变得兴奋，并且重新建立部分的客体关系。由于他可以通过幻想进入我的内在，他感到没有那么被排斥和被羞辱，以及由于可以从我的保护性盔甲中找到一个缝隙或缺口，这让他感到胜利，因此能够看不起我。

看着厕所和注视我椅子周围的文件，似乎为他提供了一个观察原初情境的机会，而他的幻想证明他确实利用了这个机会。他先是以偷窥的方式观察我，然后认同我。他站着小便，就像我站着小便一样，我坐在那里被乱七八糟的文件包围的场景，就跟以前他妈妈在家用来写作的餐桌上，堆满杂乱的纸张和书籍的场景类似。

偷窥是为了进入并获得那些他认为会被崇拜的品质，这让他自豪地展示自己的成就，希望引起崇拜，但又总是担心会被看穿和羞辱。当他无意识地通过进入、引诱和窃取原初客体来助长自己的自恋时，他难以面对由此产生的内疚和丧失，因为他主要是把我当作观察客体来对待。

然而，堆积在我椅子旁边的论文和笔记本随后让他联想到母亲的写作，他似乎对此感兴趣并被触动。这使得一种不同类型的接触成为可能。在这种接触中，他更能够容忍关于分离和存在差异的部分。他想起了自己的妈妈，她在事业上的成功和潜力，让他既尊敬又嫉妒。他的这个联想伴随着丧失与某种程度的懊悔，他对以前没有更多地发现母亲的抑郁感到遗憾，以及担心现在为时已晚。这呈现了他与原初客体的关系，他能够在一段时间内维持对差异的觉察，同时并不感到羞辱。与发现厕所门的缝隙不同，在他梦中关于地板上的缝隙似乎与一种悲伤和丧失有关。在我看来，这些会谈代表了一种能力，即利用他的视觉来反映一种关注，以及一种观察他的客体并在其中发现价值的能力。他的侵入性减弱了一段时间，但这种接触无法持续。在接下来的会谈中，我会发现他很快将会谈变为暴露癖类型的模式，他引人注目的衣服让他想起了小丑的主题，随后会再次进入短暂的接触，紧接着又会进入兴奋的侵入状态，如此反复循环。然而，在我看来，即使是兴奋的小丑表演也表明他多少理解了一些自己的行为，他能够明白是他的妒忌引发了侵入状态，而使朋友疏远了他。

病人谈到他公寓的水管问题时，似乎也夹杂着兴奋的侵入状态，同时呈现出他对某种需要和依赖的承认。他惊慌地给朋友打电话，但后来发现自己可以应付。但是当他半夜收到朋友发来的关于修水管的建议的短信时，他感到很震惊。然后病人变得兴奋起来，因为他觉得自己成功地侵入了朋友的思想。我把这与他在工作中感到羞辱但实际取得成功，发出“哇”的声音的情境联系起来。对这种情境进行解释，似乎让他能够对获得一些进展的事实感到相对平和的满足。

我认为他的防御组织确实使他能够周期性地接触到需要感和丧失感。这些感觉与是否能够将客体视为一个整体，从而建立完整的客体关系的能力有关。在这种完整的关系中，客体与自我中好的和坏的部分都可以被容忍。在这样一些会谈中，他能够在分析中找到一些有价值的感悟，但这种状态很难维持，他很容易相信自己的渺小和自卑，这意味着他把接触体验为一种羞辱。这使病人进一步试图扭转这些感觉，以及把我推到被排除在外的观察者的位置上。分析中的发展总是周期性的，在某一段时期内有进展，然后接下来的会谈中可能又回归之前的状态。但在我看来，有些东西正在慢慢地被修通。我发现他与作为观察客体的我之间的竞争性斗争似乎逐渐减少，也使他能够不那么专注和急于去扭转羞辱的体验，而是更能够把我当作一个他重视的人来接触。虽然这使他面临依赖和丧失的感觉，也留下许多仍需修通的问题，但他已经能够允许进行不同类型的接触。我认为，当咨询师更好地理解病人扭转羞辱的迫切需要时，病人就能够容忍更长时间的分离。

第二章 施雷伯案例中的凝视、支配与屈辱

简 介

德国高等法院法官丹尼尔·保罗·施雷伯（1903）的著名回忆录引起了人们极大的兴趣，主要是因为弗洛伊德在他1911年的著作中，对其回忆录的内容进行了精彩而富有争议的分析。幸运的是，洛桑（Lothane，1992）通过对大量文献进行回顾和总结［卡坦（Katan），1959；尼德兰德（Niederland），1951，1959a，1959b，1960；桑特纳（Santner），1996；赖特，1961］，发现施雷伯的回忆录和弗洛伊德的论文至今仍被人们广泛地用于有意义的研究。

一百多年后的今天，如果我们重新回过头来探究这些经典论著，我们可能会问自己，当时的精神病学和精神分析与现在相比发生了多大程度的变化。精神分析的确经历了巨大的变革。在这一章中，我将重点介绍一些当代感兴趣的领域，这些领域在我看来与施雷伯案有关。首先，我会利用在理解抑郁症等方面的研究所取得的进展，一方面是抑郁症与偏执狂之间的关系，另一方面是抑郁症与夸大自恋之间的关系。在这里，我想说，虽然施雷伯的病开始于，并且在本质上仍然是抑郁症，但其病症迅速发展出迫害妄想症状，并且不断恶化，直到他变得极度混乱和偏执。最终，混乱的分裂在一个全能的自恋组织的主导之下，重新变得有条理。这使得施雷伯在没有放弃任何病理信念的情况下，出现了临床症状的改善。

我将阐述凝视在施雷伯所幻想的客体关系中所起的作用。在已有的研究中，有大量文献探讨了凝视的作用，尤其是从自我意识发展的

角度，很多研究者将凝视与主体被观察的经历联系起来。正如第一章所述，温尼科特和科胡特都强调母亲积极的凝视对于婴儿自尊的重要性，但一些克莱因主义者难以理解镜映作用的重要性。然而，我相信重要的是需要认识到，这些从客体的凝视中获得的对自我的肯定，能够让坏的部分被分离出去。克莱因（1957）也指出，乳房，尤其是母亲的脸所代表的好客体，应该可以消除坏的感觉。我们会在后文中继续探讨这个议题。有的时候，这些被分离出来的对自我的负面看法，源于母亲凝视中的指责和恐惧。赖特（1991，第27页）认为它们源于“童年的母亲”可怕的一面。通常，它们用来描述与父亲关系的敌对方面，父亲可能会被感知为一个迫害性的、自我毁灭的超我。

凝视的迫害性成为施雷伯偏执妄想的一个重要特征，其形式是遭受“神圣射线”（divine rays）的攻击，并且导致了他极其糟糕的被迫害和被羞辱的体验。同时，施雷伯自己的凝视在将需要和全能感投射到他的客体的过程中起到了核心作用。最后，凝视被用于密切地关注他的客体，直视他们的眼睛。当他们让他失望时，一种背叛感伴随着对客体（甚至包括上帝）的战胜感，他们会被感知为是名誉扫地和被打败了的。当他看穿了他的客体的伪装时，他会觉得成功地羞辱了他们，他反过来又成了暴力的反向投射的容器，他这样做的意图是重新确立自己的地位，支配主体并扭转这种羞辱体验。

施雷伯崩溃的一个悲剧性特征是他未能找到一个有能力涵容这种全能投射，或者以足够的理解做出回应的客体，以避免因为争夺统治地位而出现的敌对行为。

施雷伯抑郁的本质

我越来越确信施雷伯的疾病本质上是抑郁症，并且我很惊讶地发现，除了洛桑（1992）对施雷伯案例全面而详细的研究之外，只有少数评论家针对这个著名案例强调了这一显著性的特征。这大概是因为，像弗洛伊德一样，他们的兴趣焦点是施雷伯的偏执性狂妄。事实上，施雷伯的第一次发病和第二次发病的早期阶段的主要症状表现是顽固性失眠、严重的疑病症和深度的抑郁症，并使得他多次尝试自杀。在施雷伯第二次患病入院时，他表现得极度不安，难以应付。鲍迈尔（1956）在医院病历中发现，其中详细地描述了施雷伯以下这些疾病状态：他拒绝进食，并且长时间完全不动弹，似乎一直处于木僵状态。他确信自己将会死于心脏病发作，并抱怨自己的大脑软化。他说他染上了瘟疫，想雇一个护理员为他挖一个坟墓。他认为自己已经死了，已经腐烂了，处于一种无法下葬的状态。他抱怨说他被阉割了，坚持声称自己是个女人。他情绪非常激动，并且打扰到了其他病人，尤其是会大声吼叫，经常谩骂他人。

施雷伯自己在回忆录中，对同一时期的经历进行了描述，他描述了他自己是如何度过那样一种无休止的忧郁时光，他在那个阶段只关心死亡的想法，且多次尝试自杀。在他的无助和绝望中，表现出明显的抑郁情绪。例如，他描述了自己被关在某个地方所受到的屈辱：

> 一间适合疯子在里头睡觉的牢房……我在那里听天由命……我试图用床单把自己吊死在天花板上，但没有成功。我完全被这样一种想法所支配：如果一个人除了死亡之外，无论用什么医学手段都无法获得睡眠，那他就没有什么可留恋的了。我知道这在精神病院是不被允许的，但我一直在幻想，当所有的治疗手段都用尽后，一个人就会被允许出院，这仅仅是为了在自己家里或别的什么地方结束生命。
>
> （施雷伯，1903，第50—51页）

当施雷伯开始把他的痛苦归结为神灵对他的敌意时，这种疑病症很快就有了偏执的味道。起初主要是他的精神病医生弗莱西格（Flechsig）教授的灵魂，而后是上帝。然而，他对自己身体的关注是典型的抑郁表现。他认为自己的肺部有病，患有咽喉炎和肺吸虫。他的肺叶有时候几乎完全被吸住，他的横膈膜被抬高到了喉部下面，因此只剩下一小块残余的肺，他几乎无法呼吸（施雷伯，1903，第143页）。他感受到一个下等的“犹太人的胃”取代了他原来的胃，或者经常是感到完全没有胃，以至于食物和饮料只是直接倒入他的腹腔和大腿中（第144页）。他的食道和肠子反复撕裂或消失，他几次吃掉了自己咽喉的一部分。他的生殖器受到的攻击尤其突出，这与他的信念有关，他是为了一个神圣的目的而被阉割的，起初是为了性虐待，后来是为了拯救世界。他的腹部腐烂了，嘴里散发出一股令人作呕的臭味（施雷伯，1903，第151页）。神经从他的头部被拉出来，他的头也被“小恶魔”用老虎钳压住了。他的下脊椎骨如同龋齿一般疼痛，他称之为“尾骨奇迹”（施雷伯，1903，第151页）。桑特纳提出了一个有趣的观点，即在19世纪的德国，犹太教和女性气质都被视为低等的标志（桑特纳，1996），这可能有助于理解为什么施雷伯会对女性气质和犹太教情有独钟。

施雷伯的思维也深受影响，表现为典型的抑郁症思维方式。例如，他被自己的声音称为“地狱王子”，即将被活活烧死。他把这归因于道德沦丧，并在他体内发展为“一种与上帝为敌的神秘力量”。

弗洛伊德对施雷伯案例中最普遍的一种抑郁性妄想的描述如下：“……在幻觉的影响下——其中一部分十分可怕，但还有一部分具有难以形容的宏伟特征——施雷伯开始确信一场世界末日的灾难即将来临。他坚持认为，他自己是唯一活着的真正的人，他仍然可以看到少数几个人形，他们是医生、护理人员和其他病人，他解释为‘被草草拼凑起来的虚构的人’”（弗洛伊德，1911b，第68页）。弗洛伊德的解释是，施雷伯之所以产生世界末日幻觉，是因为他撤回了对所处环境中人们的力比多的投注，这使得周围的一切对他来说都变得冷漠和无关紧要。“世界末日就是这场内部灾难的投射；当他把爱从主观世界抽离后，他的主观世界就迎来了终结。”这种临床表现是重度抑郁症的特征，伴有虚无主义妄想和“科塔德综合征”［Cotard，1880，其核心症状为“否定谵妄”（délire de negation），是一种精神抑郁和有自杀倾向的综合征。病人会抱怨失去了一切，例如财产、一部分或整个身体，常常认为自己已经死亡，现在是一具行尸走肉。这种妄想通常会扩大到这种程度：病人可能声称他能闻到自己腐烂的肉体，感觉虫子在他的皮肤上爬行。矛盾的是，“死亡”往往给病人一种“永生”的感觉，可能还存在其他狂妄自大的想法］。

弗洛伊德关于“哀伤与忧郁”（1917）的论文在关于施雷伯的论文发表六年后发表，澄清了我们对抑郁症病人内心世界的看法。弗洛伊德指出，在抑郁症中，改变的阻碍，在于认同一个无法被放弃和哀悼的受损或死亡的客体，这个客体继续存在于病人的体内，在自我身上投下阴影。梅兰妮·克莱因的理论建立在这些假设之上，而今天的克莱因主义者试图将病人的现状与婴儿早期的经历联系起来，并且认为抑郁症来源于这样一个发育阶段，即婴儿意识到他的爱与恨都指向同一个客体——众多的临床观察证据表明，这个原初客体是母亲或母亲的乳房，基于沮丧、嫉妒、猜忌和贪婪的仇恨是不可避免的，这意味着对乳房的攻击是不可阻止的。这导致了幻觉和受损、垂死，或者已经死掉的客体的形象，婴儿把这些当作对于内疚和丧失的一种防御。在这一发展阶段，乳房代表了整个世界，因此乳房的毁灭被婴儿认为是世界末日。与此同时，对受损的或者病变的内部客体的认同，在身体上被体验为躯体的疑病症状（克莱因，1935）。

这种内部冲突是抑郁位态的主要特点，在这种情况下，主体对受损客体的爱与对同一客体的恨发生了接触，并引起了内疚。爱与恨的整合意味着婴儿能够开始关心他的客体，并意识到他没有能力保护和阻止这些客体免受自己的破坏性影响。如果由此产生的痛苦和绝望可以被容忍，那么这种内疚感就可以成为激起后悔和自责的强力因素，并产生补偿和修复受损客体的愿望。

弗洛伊德（1917）对一个特殊心理结构的建立过程进行了描述，

这也预示着他未来对超我的理解，该结构能将自我的一部分视为一个客体，因为自我对所失去的外部客体进行了认同。如果所失去的客体在自我上投下阴影，那么产生阴影的光一定来自某处，但是这一点并不总是被意识到。我认为弗洛伊德暗示这束光来自上一级的地方，它代表着观察客体批判性地对自我进行评估。

弗洛伊德写道：

> 因此，客体的影子落在了自我的身上，然后，自我从此可以由一个特殊的心理结构进行评判，就仿佛它是一个客体，一个被抛弃的客体。通过这种方式，客体的丧失转化为自我的丧失，自我和被爱者之间的冲突就转化为自我的批判结构，和由于认同而发生改变的部分自我之间的裂痕。
>
> （1917，第249页）

从抑郁位态到偏执位态的转变，涉及从对原初客体的关注到对批判性观察客体的关注的相应转变。由于超我的批判性本质，它伴随着一种从内疚到羞耻甚至到屈辱的体验上的转变。这几乎完全出现在施雷伯的回忆录中，其中明显没有任何关于内疚的体验，除了通过身份识别外，几乎没有提及任何母性人物。

偏　执

当处于抑郁位态的内疚和绝望变得过于痛苦时，就会采取防御措施，以使这种体验更容易忍受。其中最显著的表现是趋向偏执位态的转变和使用诸如分裂、碎裂和投射性认同等防御机制。克莱因（1935）描述了抑郁和偏执之间的密切关系，之后（1946），她根据抑郁位态和偏执-分裂位态之间的转变对其进行了阐述。这种偏执的趋势在施雷伯疾病的早期阶段就已经很明显了。当他开始把自己的痛苦归结为“神圣射线”的迫害时，这种偏执的趋势就很明显了。投射并不总是能够减轻痛苦，但可以减轻对痛苦的责任感，摆脱与之相关的内疚感似乎可以在关键时刻提供缓解。

施雷伯被迫害的抑郁性想法出现在回忆录的许多段落中，强调了他对自己无药可救的信念。例如，他写道：

> 有这样一场针对我的阴谋，目的是在我的神经病被确认或被认为无法治愈后，将我交给另一个人，以这种方式将我的灵魂交给他，但我的身体——变成了一个女性的身体——被那个人进行性虐待并被简单粗暴地抛弃，换句话说，任其腐烂……不管如何，主要目的是想离开我，也就是抛弃我……让我像妓女一样卖淫，往死里折磨我，摧毁我的理智。
>
> （施雷伯，1903，第63页）

他把最严重的痛苦描述为“灵魂谋杀”。这似乎涉及最深刻的屈辱，试图摧毁施雷伯身份的本质。

有一段时间，施雷伯的受迫害妄想变得越来越支离破碎，他感知到的攻击首先来自他的精神科医生弗莱西格，后来又来自其他灵魂，最终来自上帝本身，上帝又分为前神和后神，而后神又分为上神和下神。攻击他的灵魂也是多重的，表现为天堂的前院、唱歌的鸟，以及无数飞奔向他的小人儿。这是他显著的障碍中最混乱、最令人不安的时期，这种毁灭性是任何爱或理性都无法控制的。

救赎性妄想系统

这种“碎片化”现象逐渐减少了，随后施雷伯妄想的议题聚焦在通过变成女人来恢复人类的极乐状态，这样上帝就可以让他怀孕。他作为有能力吸引上帝之光的人的特殊身份，现在逐渐变得情欲化，并且“世界的秩序”是由比上帝更高的权威制定的，新的秩序开始要求他放纵“情欲”。灵魂在死后通过净化的过程而被唤醒的极乐状态，最初被视为一种与上帝的凝视相结合的不间断的兴奋，但很快就被视为一种不间断的“情欲”的感觉状态。一旦他们确定自己将会体验到精神上的淫荡，来自神圣射线的迫害就会停止，因此，最终与上帝的和解将结束施雷伯的痛苦。上帝亲自要求他必须找到情欲，并威胁施雷伯说，如果他忽视了放纵情欲，不满足上帝的需求，他的射线就会被剥夺。回忆录的大量内容都是在阐述对女性化和对上帝采取顺从态度的需求。这逐渐失去了迫害的特点，获得了与幸福状态相关的救赎品质。随着嘈杂的迫害声失去其力量，施雷伯变得更加有条理，甚至能够从他的处境中获得一些乐趣。虽然他坚持认为产生最大程度的精神上的快感是他的责任，但他补充说：“如果在这个过程中，有那么一点儿感官上的快乐落到我的身上，我觉得我有理由接受它，作为对我多年来遭受的过度的痛苦和丧失的某种轻微补偿……”（施雷伯，1903，第250页）

弗洛伊德对这些显示了性欲在精神生活中的重要性的妄想感到印象深刻，施雷伯与他父亲的关系基本上是同性恋的论点因此也得到了支持。当代关于一般的双性恋的观点已经不再有争议，我们更想去了解任何两种性别之间的关系如何变得色情化，以此来救赎他们。在分析中经常观察到的一个特殊反应是，迫害和虐待的经历被色情化，并通过施虐-受虐的形式使之充满性欲也更容易忍受。也许更常见的是发现虐待与男性器官有关。阴茎认同不仅扭转了痛苦，而且通过施加虐待，或者通过羞辱别人来扭转羞辱。就像抑郁症病人被认为是内化了受损的乳房一样，全能感的病人通常被认为是内化了勃起的阴茎。在这方面，施雷伯的救赎性妄想是不寻常的，因为他是通过认同顺从的女性来处理他被迫害的残酷经历，将虐待转化为性快感，将虐待的意图转化为全能的补偿。有时，施雷伯会幻想与基督认同，在受苦之后升入天堂，享受与上帝的幸福结合。具有讽刺意味的是，这是更明显的同性恋倾向。然而，在大多数情况下，他重建被摧毁的世界的尝试是跨性别的和异性恋的。

这可能是一种吹毛求疵，因为主动的施虐狂和被动的受虐狂认同通常是并存的。当然，施雷伯和上帝之间存在着一种高度性欲化的关系，这无疑与他早先跟父亲的关系息息相关。幸福由两个参与者连续不断的情欲组成的想法，与童年时期父母单独相处时给予对方快乐的幻想相一致。然而，我们有可能将这种幻觉追溯到早期的母乳喂养经历，母乳喂养被性欲化和理想化，完全满足了婴儿和母亲。也许在父亲或兄弟姐妹等第三方人物出现之前，母亲和婴儿互相被认为是另一个人的全部需要，并且眼中只有彼此。这些性欲化的不切实际的幻想成为施雷伯的妄想，这似乎帮助他组织自己的心智能力，以逃避感觉自己渺小、脆弱、被人蔑视和嘲笑的可怕经历。他对生育母亲的认同，也使得他没有意识到自己对女性的嫉妒和内疚，因为现在是他拥有了乳房和母性能力，可以生出“一个新的种族的人类”。

弗洛伊德的洞察力最令人印象深刻的地方，在于他认识到了施雷伯妄想系统中的修复性因素。在通过对他的好客体进行无所不能的攻击以摧毁他的世界之后，弗洛伊德描述了“妄想症病人重新建立它，尽管没有更加宏伟，但至少使他能够再次生活在其中。他通过自己的妄想建立了它。我们认为妄想的形成是病态的产物，但实际上它是复原的尝试，是重建的过程。”（弗洛伊德，1911b，第70—71页）

事实上，这个妄想系统似乎帮助施雷伯实现了相当程度的整合。他在没有放弃任何基本信念的情况下，取得了显著的社会进步。他最终能够在大多数社交场合表现得体，撰写回忆录，并以一种条理清晰的方式为自己的自由辩护。他于1902年12月从精神病院获释，并努力维持较好的社会功能，将他的妄想和幻觉保密，直到大约五年后他的妻子中风，他才重新陷入疾病恶化的处境中。

妄想系统作为精神避难所

到目前为止，我已经论证过，在施雷伯的疾病中可以辨别出三种核心状态：第一种是抑郁和绝望，这不仅主导了他的崩溃的早期部分，而且继续导致更严重的精神病表现；第二种是妄想症，它起源于责任和内疚的投射，其特点是由于防御性分裂逐渐解体，造成迫害者和其自我的“碎裂”，进而导致了一场为生存而进行的全面混战；最后，第三种状态包含了一种比较有组织性的妄想状态，在这种状态下，迫害通过对救赎性女性气质的认同和对父亲的性欲化服从而变得可以接受。我发现，把这三种状态看作处于一种平衡状态是很有用的，在这种平衡状态下，来来回回的运动总是在发生，甚至是从抑郁位态回到偏执位态，再到妄想系统的发展也是有可能的。我认为施雷伯的妄想系统是一种基于精神病组织的精神避难所（斯坦纳，1993），当抑郁和偏执变得无法忍受时，他就会诉诸于此。施雷伯未能找到一个涵容性的客体来回应他全能感的投射，以及由此产生的屈辱，使得他无法忍受并努力克服他的抑郁症。因此，这把他推向了偏执位态，随后又将其推向了精神病性组织。

凝视在施雷伯精神病中的作用

凝视在施雷伯的回忆录中起着重要作用。他人的目光，在他的妄想中常常表现为“神圣射线”，这是他受辱的原因。当他感到自己被观察，“堕落到如此地步”，被嘲笑和被贬低时，他的痛苦也因此大大增加。在他挑战权威和为自己辩护的能力中，他自己的目光也很重要，有时甚至能战胜像他的精神科医生弗莱西格甚至是上帝这样的强大人物。这种能力涉及一种全能的妄想，这在他凝视太阳的能力中得到了显著的证明，太阳的光芒也因此变得苍白。凝视也可以作为一种手段，他能够通过这种手段投射到他的客体身上，并且他相信他的客体也能够通过这种手段投射到他身上。各种精神病性的认同就因此发生了，例如，对上帝的全能感的认同，以及后来在救赎性的妄想中，对一个顺从但也是全能的母亲形象的认同。

我们不可能详细追踪这种投射和认同的复杂演变，但我相信，通过观察施雷伯在患病初期与弗莱西格教授的关系发展，可以发现一些目光是如何运作的线索。我认为当人们看穿自己的伪装时，就可以看到自己对治疗师的全能投射背后暗含着对他的成功的诋毁，这也是导致他灾难性地陷入偏执的因素之一。

对寻求解脱的迫切需求与全能感的投射

当施雷伯在第二次精神崩溃之初前来咨询弗莱西格教授时，他那时其实已经陷入抑郁的深渊，开始感到被迫害，而且无法在睡眠中得到缓解。他匆匆忙忙地从德累斯顿赶到莱比锡，通过电报确认了会诊时间，并与妻子一起抵达教授的办公室，他在那时候已经处于一种很绝望的状态中。在病人要求快速缓解症状的压力下，也许也是被其家人对治愈寄予的厚望所迷惑，弗莱西格教授做出了乐观的回应。后来，在回忆录中，施雷伯描述道：

> 在随后很长一段时间的问诊访谈中，我必须说弗莱西格教授表现出了非凡的口才，并深深地影响了我。他谈到了自我第一次患病以来，精神病学方面所取得的进展，谈到了新发现的安眠药，等等，并给我带来了通过一次高质量的睡眠来摆脱整个疾病的希望……我的情绪因此变得更加稳定……
>
> （施雷伯，1903，第48页）

然而，也许是不可避免的，治疗失败了，“由于各种原因，睡眠被推迟了，床很冷，而且还出现了进一步的症状，所以药物几乎完全失效了”。经过一个“几乎没有睡眠”的夜晚，他变得非常沮丧，他的妻子不得不阻止他用毛巾自杀。第二天早上，弗莱西格教授被叫来，他亲自开车把施雷伯送到了他所就职的精神病院（施雷伯，1903，第48—49页）。

我们很容易认识到，在施雷伯甚至无法从睡眠中获得解脱的时候，他对精神病学家弗莱西格教授有着强烈的需求。然而，弗莱西格教授的回答表明，他被置于如此大的压力之下，以至无法拒绝承担一项对他来说过于艰难的任务。

入院后，施雷伯的精神状态持续波动。他描述说，当弗莱西格教授的助手试图让他振作起来，并向他保证无意放弃治疗时，他那极度压抑的情绪才得以缓解，因而出现了“唯一的一天，我被一种快乐的充满希望的精神所鼓舞”。医生再一次迫于压力，以乐观的态度做出回应，施雷伯也因此再一次感觉到被背叛。他的情绪在相继发生的两件事后再次急剧恶化。首先是他的妻子，她每天都来探望丈夫并与他共进午餐，但是为了休息一下，她离开了四天，去柏林与她父亲住在一起。她回来后，他的病情严重恶化，他要求她不要再来看他，因为他不忍心让她看到他“陷入如此低落的状态”。后来，当她再过来时，他不再认为她是一个活着的人。在那之前，她的日常存在似乎能够吸收和涵容他的一些投射，这些也许能够维持他对医生的信心，但当她不在的时候，这种信心被削弱了。当她回来时，他确信她会看不起他。

第二件事是与弗莱西格教授的访谈，在访谈中，病人在他的治愈可能性的问题上再次向教授发起挑战。施雷伯描述说：“他抱有一定的希望，但再也无法（至少在我看来是这样）直视我的眼睛。”正是他目光的转移证实了施雷伯的观点，即弗莱西格教授不能兑现他的承诺，也不能再对与他的需求有关的投射做出回应。施雷伯认为，他的不可救药已经打败了这位精神病学家，而弗莱西格无法忍受这些指责，先是感到羞辱，然后开始报复。由弗莱西格主导的“超自然力量”，从这时起被证实是施雷伯感到受到迫害的根源。

对弗莱西格教授“非凡口才”的描述显示出一丝讽刺意味，事实上，施雷伯对弗莱西格教授的怀疑甚至在他九年前第一次患病时就已经存在了。他写道，当时他“对弗莱西格教授的治疗方法总体印象不错”，但接着又说道：

> 他可能犯了一些错误……即使在患病期间，我也认为，而且现在仍然认为，对于一些精神病人，神经科专家也许不得不使用善意的谎言，但他必须在最谨慎的情况下使用。然而对于我这个特殊案例而言，几乎是不合适的，因为他很快就会意识到，他面对的是一个智力超群，具有非凡理解力和敏锐观察力的人。
>
> （施雷伯，1903，第45页）

这些善意的谎言将他的疾病归结为“仅仅是溴化钾中毒，R医生在S病人这个案例上……应该受到责备”。他还抱怨说：“如果我能亲自操作用来给病人称重的体重秤，我本来可以更快地治愈我当时所拥有的一些疑病观念，特别是对体重下降的担忧。”（施雷伯，1903，第45页）

直视客体与弗洛伊德的鹰之寓言

不仅仅是弗莱西格教授不能容忍与施雷伯的目光直接接触。他的蔑视和优越感表现在他相信自己可以直视太阳，“而不会被阳光弄得晕眩”，事实上，“太阳的光芒在他面前也变得苍白无力”。当他在不安的状态下大声吼叫时，他有时会喊“小弗莱西格”，有时会宣称“太阳是个妓女”，似乎是在羞辱这些权威人士，因为他觉得他们羞辱了他。

回忆录中还有几个章节描述了施雷伯是如何战胜上帝的，他认为上帝在理解人方面是无能的：因为他只熟悉死人，他不能理解人性，不能从经验中学习。此外，上帝的权力正在以“与世界的秩序相反”的方式被行使，这代表了一种更高的权力存在，上帝自己必须服从的更高的力量。

弗洛伊德对施雷伯凝视太阳的能力特别感兴趣。在关于施雷伯论文的后记中，他描述了一些神话，这些神话将能够凝视太阳的能力只归于鹰，“鹰作为天空中最高领域的居住者，能够与天堂、太阳和闪电建立特别亲密的关系”。此外，鹰“在承认幼鸟是它的正当的后代之前，要对它们进行测试。除非它们能成功地看着太阳而不眨眼，否则就会被赶出鹰巢”（弗洛伊德，1911b，第81页）。弗洛伊德认为这个神话是一个严酷的考验，是对血统的测试，也是对太阳确实是父亲象征的确认。“鹰的行为就好像自己是太阳的后裔，并让它的孩子接受祖先的考验……”弗洛伊德说，“施雷伯用这种贴近神话的方式，重新发现了表达他与太阳真实关系的逻辑。”（弗洛伊德，1911b，第81页）然而，这一描述也表明，弗洛伊德是在回应这样一个可怕的形象：当被试图宣扬其优越性的父亲谴责和羞辱时，一个人就会陷入抑郁的深渊。

施雷伯的真实父亲的特质，和他作为弗莱西格教授与上帝所经历的妄想中的父亲之间有许多有趣的联系（卡坦，1959；洛桑，1992；尼德兰德，1951，1959a，1959b，1960）。他的父亲莫里茨·施雷伯（Moritz Schreber）博士是一位杰出的医生，他为儿童开发了一套体操运动系统、身体约束装置和教育原则，创造了一种专制独断的氛围，这在19世纪的欧洲并不罕见，很难与之对抗。我们可以推测，施雷伯想要尊敬他的父亲，但他也认识到父亲的儿童训练系统强调服从和禁欲，具有防御性的自恋特质。施雷伯是一个喜欢干涉权威的人，以致他无法对他母亲照顾孩子的能力表示任何尊重。

客体的反投射导致陷入偏执与屈辱

随着偏执的发展，弗莱西格教授和上帝的行为表现得好像他们感觉到了施雷伯的威胁，并开始对他进行惩罚，其中羞辱在使他的痛苦变得难以忍受方面起到了关键作用。他被那些嘲笑和折磨他的迫害者看不起，他感到自己渺小、肮脏和低人一等。他们试图迫使他屈服，设计了一场争夺统治权的斗争，其中凝视发挥了核心作用。向下的凝视对施雷伯来说意味着自卑，他害怕被人看不起，因此，正如我们所看到的，他甚至不忍心让妻子看到他所陷入的“如此低落的状态”。

这种令人痛苦的羞辱与以被阉割为核心的迫害有关。施雷伯抱怨说，那些声音一直把他变成女人视作一种性耻辱，这给了他们嘲笑他的借口。这些“‘上帝的射线’经常认为自己有资格嘲笑我，称我为施雷伯小姐，暗指我即将被阉割”。或者他们会说，“所以这个人曾是参议院议长，这个人让自己被操”（施雷伯，1903，第164页）。同样羞辱的是，他认为上帝试图说服他，他是个傻瓜。在这里，粪便被强行塞入他的肠道，他不得不需要排空自己，他的背后被涂上了小块的残余物。他认为上帝把拉屎的冲动看作对他的战胜，摧毁他的理性的目标已经达成。他抱怨说，每当其他人有这种需要时，那些人就会被送到厕所，而当他有需要的时候，厕所总是有人，这就说明了制度的不可靠。上帝甚至因此嘲笑他，说他不会拉屎，因为他太笨了。这是使他确信上帝的无知和对人性缺乏认识的方式之一（施雷伯，1903，第205—206页）。

很明显，施雷伯试图反击并击败迫害他的人。这种反叛导致了施雷伯和上帝之间的战争式斗争，并阻止了与抑郁症的进一步接触，对施雷伯来说，这意味着失败和屈服。施雷伯的缺陷暴露无遗，而那些对他拥有统治权的权威人物将羞辱强加于他。因此，他必须与这种羞辱作斗争，必须勇敢地面对、击败它。在施雷伯的案例中，对统治权的争夺让人联想到《失乐园》中上帝和路西法之间的战争。弗洛伊德

（1911b，第51页）指出，“在他与上帝的关系中，施雷伯表现出最奇怪的冲突状态，一方面是亵渎神明的批评和叛逆的不服从，另一方面又表现出虔诚的奉献”，他认为这是男孩对父亲的一种典型的原始态度。有时，施雷伯被打败，被阉割，受到了可怕的惩罚，有时他又能反击，看不起“小弗莱西格”，甚至能打败上帝。

涵容者缺失的悲剧

施雷伯对统治权的争夺和不断被羞辱的经历，驱使他形成一套全能的解决方案，即一种具有妄想性的病态组织。回忆录中出现的另一个相关因素是，他没有找到一个客体可以涵容他的痛苦，并且能够应对他不得不使用的投射，这让他感到有些悲伤。

涵容要求分析师能够对病人的投射持开放态度，并且能够以一种基于现实的方式理解在他身上被唤起的经验。施雷伯无法找到任何既可以理解他的绝望，同时又能保留将他视为具有人类需求的独立个体的能力。此外，没有人能够认识并且面对他的疾病的实质，以及如果能够帮助到他，什么能做，什么不能做。施雷伯一心想着获得解脱，以至于他对被理解几乎不感兴趣。他对解脱的需求给他的客体带来了压力，因此他们也开始聚焦于为他寻找治疗方法，即如何快速帮他从中解脱，并且再次无法为理解的需求提供空间。

克莱因认为，儿童求助于一个好客体，不仅仅是为了获得精神滋养和被理解，更主要的是为了消除他的不良情绪。他试图将坏情绪疏散到一个有能力消除破坏性、内疚和偏执的客体中。克莱因清楚地表达了这一点，她写道：

> 婴儿对取之不尽、用之不竭的乳房的渴望，绝不仅仅源于对食物的渴望，也源于对力比多的渴望。因为即使在最早期阶段，想要不断获得母爱的冲动，从根本上说是源于焦

虑。生与死的本能之间的斗争，以及随之而来的自我和客体被破坏性冲动消灭的威胁，是婴儿与母亲最初关系中的基本因素。因为他的欲望象征着乳房，以及不久之后的母亲，应该消除这些破坏性冲动和迫害性焦虑的痛苦。

（1957，第179—180页）

虽然，绝望的病人寻求这样的解脱是可以理解的，但客体需要能够保持与现实的联系，看到并接受病人的本性，包括他的善良和他的破坏性。

当然，妄想越是无所不能，客体就越是难以做到无条件地涵容，施雷伯的自大在整个回忆录中都很明显。在他精神崩溃的偏执阶段，他描述了“他是神圣奇迹发生的唯一客体，因此他是有史以来生活在地球上最了不起的人”（弗洛伊德，1911b，第17页）。他对全能的感受也反映在他的客体身上，他的客体似乎感觉自己获得了全能的治疗能力，这些能力和破坏性一样，都是通过神圣射线的作用实现的。他认为他的“……器官遭受了这种破坏性的伤害，这将不可避免地导致任何其他人的死亡……但神圣的奇迹总是能够恢复被破坏的东西，因此，只要他还是一个人类，他就可以长生不老”（弗洛伊德，1911b，第17页）。也许没有人能够应付这种程度的妄想，对于不存在的事物信以为真，然而施雷伯似乎确实感到需要被理解并被作为一个人对待，我认为他的“灵魂谋杀”一词是为了表达他作为一个人被抛弃的经历［申荀（Shengold），1989］。

这表明了对于涵容失败的某种觉察。在这里，凝视的方向又是很重要的，它阐明了眼睛不仅用来接受感官印象，也是投射的途径。当施雷伯仰望他的父亲、医生和上帝时，他希望能够投射出渺小和自卑的感觉，并获得理解和涵容，使这种感觉可以忍受。当弗莱西格教授无法忍受这些投射时，他就把目光转向别处，而无法承认自己的无助。然而，施雷伯认为，那些受人尊敬的人物不仅让他失望，而且当他们感到自己的地位受到威胁时，就会开始迫害他。他们开始否认自己的可耻体验，把它们投射到病人身上，并通过施加羞辱和嘲笑来重新确立自己的统治地位。

精神病解决方案的无耻

当施雷伯建立起他的救赎性的妄想系统时，他已经将迫害性的幻想转化为理想化的顺从，他的妄想系统作为一种精神上的避难所，似乎可以保护他完全远离羞耻的体验。正是这种免于羞耻的自由，使他能够如此细致，甚至是无耻地描述自己的疯狂。撰写回忆录之前，施雷伯在写给弗莱西格教授的公开信中，承认自己的披露可能会让弗莱西格教授和其他人感到痛苦，但他对自己的道德权利的妄想信以为真，使他有理由发表这些文章。“我对此非常遗憾。”他说，“但不幸的是，如果不从一开始就阻止别人对自己的理解，就无法做出任何改变……我的目的仅仅是促进对一个重要领域——宗教领域的真理的认识。”施雷伯的关注延伸到“对某些还活着的人的考虑”，但他总结道：“但我相信，对我的身体进行专业检查以及对我的一生中个人命运的观察，将会对科学和宗教真理的理解贡献价值。基于这种考虑，我觉得我所有的个人问题都必须回避。”（1903，第3页）

宗嫩斯坦精神病院的院长韦伯（Weber）博士对施雷伯的无耻体验印象深刻，他在1900年11月提交给法庭的报告中，用它来论证施雷伯对自己的妄想没有洞察力。在这种情况下，他写道：

> 当一个人看着他的著作内容，会注意到其中包含的大量关于他自己和别人的轻率行为，他毫无顾忌地详述最令人怀疑和在审美上令人不适的情境和事件，并且使用了最令人讨厌的粗俗词汇，等等。人们会很费解，一个在其他方面都很机智和理智的人，竟然在公众眼中表现出会严重损害他声

誉的行为，这难道不是因为他的整个生活态度都是病态的吗？他无法以普通人的正常视角看待事物，因为缺乏对疾病的深刻洞察力而极大地高估了自己，他也无法理解个体是要受到社会道德和规则限制的。

（施雷伯，1903，第347—348页）

弗洛伊德也对把施雷伯的案例展示在出版物中会伴随的一些影响心存怀疑，他说，似乎是在道歉："施雷伯博士现在如果还活着的话，他可能已经从他在1903年提出的妄想系统中解脱出来，以至于可能会对书中的这些描述感到痛苦……然而，只要他还保持着与以前人格的同一性，我就可以依靠他……来反击那些阻止他出版回忆录的论据。"（弗洛伊德，1911b，第10页）他还引用了施雷伯提出的一些观点，我在上面也引用过。弗洛伊德似乎在暗示，只要施雷伯继续保持妄想状态，他的全能就可以保护他免受曝光可能带来的痛苦。妄想系统充当了精神避难所，并作为一个藏身之处发挥作用，与现实的接触会以一种羞辱的方式粉碎它。

正是精神病病人蔑视羞耻的能力，使他能够揭示其性格中的私密层面，而这些方面是心理功能相对健全的人所隐藏的。弗洛伊德意识到了这一点，他写道："如果病人本身不具备背叛（事实上，是以一种扭曲的方式）那些被其他神经症病人作为秘密隐藏起来的东西的特性，那么对偏执的精神分析研究就完全不可能了。"（弗洛伊德，1911b，第9页）。这种无耻可以使我们看到心智机制被完全暴露出来。施雷伯向弗莱西格教授发出求救，以及关于随之而来的屈辱体验这部分详细的描述，使我们能够从当代的理论视角来审视施雷伯的病情，并利用他的自我观察来更好地理解他所遭受的一些痛苦，也许还能在我们自己的病人身上发现类似的痛苦。

第三章　改善与温和中的尴尬

在接受精神分析的过程中，获得重大、有意义的改变是很常见的，但这些变化却不能被清晰地确定下来。它们可能是推断出来的，而不是由发现而来；它们可能只是病人暗示出来的，或者是可以识别的，但却被掩盖或混淆了，以至于它们的意义被忽略了。要把这种发展转变为更加具体和稳定的形式，似乎还需要进一步的工作。这一步似乎需要使这些变化变得可观察和更明确。如果没有这个额外的步骤，它们仍然是隐藏的，有时被认为是唯一的可能性，这样病人就会因此得到保护，不需要面对其后果。然而，当它们变得可以被观察时，病人就会感到被暴露，且常常感觉受到威胁。

承认治疗取得新的进展会引发病人的焦虑，在那些自恋组织已为其创造一个精神避难所的病人身上尤为严重，这种精神病理性组织可以保护他们免受被暴露，并使他们避免对照现实来检验治疗进展。我已经描述过这些精神避难所最初是如何形成的，以保护个人免受灾难性的迫害焦虑（斯坦纳，1993）。当这些偏执的焦虑达到顶峰时，为了活下去，退回精神避难所是必须的；强大的破坏性客体的致命攻击所带来的恐惧，导致了对从精神避难所“走出来”的恐惧。更大程度上的融合感导致焦虑性质的转变。从精神避难所走出来后，就会接触内疚、自责和绝望等抑郁情绪，这些情绪可能令人更加难以忍受。这是里维埃在她关于消极治疗反应的论文中所描述的情况，她写到病人转向“高度有组织的防御系统”，以避免接触绝望、不相信和失败的感觉（里维埃，1936，第315页）。

虽然一方面难以克服对迫害的恐惧，另一方面难以克服对抑郁性焦虑的恐惧，但我想深入地探究这样一种情境，即当病人开始不那么恐惧，对走出精神避难所的建议也不会感到那么绝望时会出现的情况。之前，病人紧紧抓住精神避难所，担心自己会被强行赶出去，失去保护，而现在他开始想要尝试进行接触，以更加开放的态度面对现实。在一种充满希望的氛围的鼓励下，分析师和病人都认为这种良好的发展可以继续进行。然后，双方可能都会失望和沮丧地发现，走出精神避难所的障碍仍然存在。改善与在分析中所获得的良好体验存在一定的关联，但被看见往往会让病人继续体验到痛苦的不适和尴尬。这可能导致这种更有希望的进展被缩短或逆转，并导致调动防御机制来应对这种尴尬。我将重点论述导致愤怒的不公平感如何使病人以一种恰当的感觉替代他们感受到的尴尬。

在我将要讨论的这个病人身上，对暴露的恐惧主要与感受到极端迫害的状态相关，其中伴随明显的羞耻和屈辱感。如果他不能夸耀自己的优越性和完美，就会感到很渺小、没有价值和被人鄙视。然而，当他在分析性治疗中逐渐取得了重大进展时，开始尝试从保护他的防御性组织中走出来，去面对与我和现实相关的更强烈的情感接触。这时，他似乎出现了一种对自己身上任何美好、温暖或温和的东西的特殊敏感性，他觉得这使他容易陷入尴尬和嘲笑。这给进一步获得良好的发展带来了新的阻碍，特别是妨碍了他巩固从分析中取得的显著成果。

我在下文中将描述他在分析中的一些阶段，病人感受到的迫害减少，因此能够创造出一些情境，把我吸引到导致愤怒情绪的互动中。我的假设是，当改善变得可以观察时，他就会开始感到尴尬；此外，如果他感到被误解和被攻击，他就要急于开始保护自己。

在大多数情况下，他认为我对他的迫害减少了，对他的宽容和接受程度增加了，随着我们之间的感情升温，气氛也随之发生改变。然而，他仍然对被观察非常敏感，从精神避难所走出来后，他似乎更剧烈地面临着与羞怯、脆弱和尴尬相关的问题。虽然这些感觉没有那么极端，也比人们熟悉的迫害和羞辱更容易忍受，但它们却足以让他感到痛苦，从而避免与那些看起来更有希望的情绪继续接触。事实上，这种尴尬需要立即得到缓解，而这种需求优先于寻求其他更多的新发展，这些发展因此受阻。

临床资料

尽管病人的情况有所改善，但他在职业和个人方面未能实现其早期的雄心壮志，这一点仍然让他感到不安，他的怨恨会周期性地爆发出强烈的愤怒。通常，他对生活和关系的抱怨也会再次出现，并坚持认为精神分析对他没有帮助。在这些状态下，他是相当难以接近的，而我被看作一个恶毒的人物，只想挫败他的锐气，惩罚他的野心。他似乎原封不动地恢复了以前的防御性组织。虽然相对短暂，但这些退步令人沮丧。当我把它们看作对进步的一种防御性反应时，其负面影响就会减少，他也会感到更好地被理解。

多年来，他的进步非常缓慢，但最近发生了更加实质性的改善。他的愤怒减少了，态度似乎也不同了，不仅是在治疗中，在他个人生活的各个方面都可以观察到明显的改善。他在新工作中表现得相当好，而且似乎对他的分析有了更多的感情，与父母的关系也变得更好了。这种热情让他可以向我讲述一些非常私人的事情和态度，这么多年以来他一直将它们藏在心底，且十分敏感。我想，我可以看到在他身上发生的一些真正的变化。当我解释时，他有时会承认这些变化，但这些变化很难固定，而给他带去了难以忍受的失望。在我看来，他似乎在继续抵制从精神避难所中走出来，但走出之后可能会面临的焦虑现在已经发生了改变，他的温暖的感觉似乎给他带来了与脆弱和尴尬有关的新问题。尤其是当他承认自己或他的客体有什么优点时，这一现象更加明显，他描述说这让他“畏缩”，并经常导致一种类似于消极治疗反应的破坏性态度。

随着暑假的临近，我们之间的关系再次变得紧张。我想部分是因为他无法控制我而产生的挫败感，但也与他对我和我的工作的评价十分模糊有关。当他感到沮丧和愤怒时，保持良好体验的能力就会丧失，但这不再导致严重的迫害感，而这种迫害感在分析的早期是非常明显的。相反，在我看来，持续爆发的不公正感似乎有些刻意和具有防御性。

在办公室的时候，他的愤怒尤其集中在那些让他觉得自己比他心中的自我形象更加渺小的事情上。这让他对同事非常生气，尤其是那些没有提拔他的公司高管。他把自己的愤怒称为“路怒症”，当他觉得自己的晋升之路受到阻碍时，他会把这种愤怒与熟悉的情境联系起来。然而，在这种愤怒爆发的同时，他有时也会承认自己的进步，以及他对分析的重视。

正是此时，我开始更加意识到这样一种互动模式：愤怒似乎是对尴尬的一种防御。在每一次会谈开始的时候，他往往会或多或少地反馈一些积极的信息，这似乎让我感到更有希望，并且让我觉得自己可以进行有意义的接触。然而，与此同时或之后不久，他就会引入一个竞争性主题，邀请我成为一个批评性的专制且独断的人物。通常，他会描述一种情况，在这种情况下，他做了一些可能被认为是鲁莽、残忍或不诚实的事情，除非我被说服，否则他不会满意。我要么为他辩护，驳斥不公平的指控，要么和迫害他的人一起批评他。尽管这个过程已经重复了无数次，也尽管我经常认识到我所处的角色，但我还是常常发现自己无法避免站在其中一方。此外，如果我解释了我认为正在发生的事情，这种反馈性解释通常会带给对方一种相当客观的解释性的感觉，而这本身就有一种批判的意味。

我发现自己感到很沮丧，而且常常反应过度，好像我相信我可以通过夸大一个观点来说服他。作为回应，他就会变得愤愤不平，抱怨自己被误解和冤枉。在我看来，他一开始往往是真心实意地想与我进行更真实、更坦诚的接触，但当这成为可能时，他就会面临严重的尴尬。这样的互动被愤怒打断了，愤怒似乎加强了他的力量，有时还使他兴奋起来，但他并没有完全忘记先前的积极气氛。就算如此，情况仍然有些令人沮丧。尽管对这种模式的理解正在发展，而且在一定程度上有决心来解决它。有一段时间，我想尽办法阻止自己以这种特殊的方式参与进来，我会因为受到他的干扰而责备自己。最后，我开始想，我们之间的互动规则可能必须通过经历和体验才能被认识和理解。

第一次治疗

在周一的治疗中，他首先说，他非常清楚只剩下两周的时间了。他解释说，他本来想说“直到休假”，但这是假设他会回来，然而他可能会决定停止治疗。他说，在某些方面，他在周末感觉更加正常，与朋友联系，去看他的教父和表兄弟，并与他的父母和兄弟的家人共度时光。

他接着说，他也意识到了自己的问题。他察觉到了一种他只能称之为势利的因素，特别是对诺曼，这是一位已经升职超过他的同事，他已经对这位同事心存芥蒂。他跟自己同阶级的人在一起很自在，跟某些人在一起就不自在了。他还不得不接受自己对黑人的态度。他观察到，在开车时咄咄逼人的人中，黑人占了很大比例。当他给黑人司机让路时，他们不会向他致谢，相反，当有人给他让路时，他总是挥手致谢。然后他强调说，他在努力以一种合适的方式去表述，以防止我跳出来说他是种族主义者。

起初，我试图去解释他对被误解的恐惧，以及他希望被当作一个感觉比较正常、反对种族主义和势利的人。对此，他很不耐烦，说他只是想让我看清事实，我们似乎要花很长时间才能取得进展。我为什么踌躇不前？为什么我没有谈到他所说的实质问题？我试图避免进一步激怒他，他抱怨说我太小心了，不够直截了当。

事实上，接下来发生的事情可以被认为是我的一个表演，在这场表演中，我几乎完全成了他警告过我他想避免成为的那一类人。我发现很难在不提出种族主义问题的情况下，恰当地处理他所说的实质内容，我认为他确实想让我认识到他对我的愤怒，就像他对诺曼和黑人司机的愤怒一样，而且当这种愤怒在他内心产生时，他准备用任何他能调动的手段攻击我，包括对种族和阶级的嘲弄。因此，我解释了他的愤怒，但我也认为他是在描述自己身上那些让他感到羞耻和不喜欢的因素。我补充说，也许让他感觉更正常的是，他可能会为这些态度感到后悔，他希望我认识到这一点。他对我的解释表示不同意，坚持说他没有感到羞耻，也不知道我从哪里得到的这个想法。他争辩说，使他产生敌意的不是某人的肤色或口音，并强调是“诺曼明明收到了我发送的信息却不搭理我”这一事实让他无法接受。他还说，这在我看来可能是一件很傻的事，但对他来说，这仍然是一个真正的问题。他不能忍受自己的观点被忽视。

我的理解是，和诺曼一样，我在这个场合里得到的信息是，他认为称他为种族主义者是不公正的。我结束了与他的对话，好像把他当成一个种族主义流氓，结果我不仅要面对他的愤怒，还要面对他的指责，说这是不公正的，我没有听他的意见。他回答说，他认为这是对的，但他补充说，他抓住了“流氓”这个字眼，也许在他身上有这样的东西，即使他自己没有认识到，他也不得不接受。我的理解是，在这一点上，他指出，他被要求去接受那些他不认为真实的东西，这可能对他来说仍然是不公正的。

对第一次治疗的讨论

后来，我对这次会谈进行了反思，我似乎无法理解他在会谈开始时提到的主题。当他说他感觉更正常时，他正在告诉我一些重要的事情，这是在他觉察到现在这次会谈离休假只剩下两个星期后提到的。当他发现自己称会谈结束为“休假”时，在我看来，他似乎在暗示要收回关于停止分析的威胁。他似乎觉得自己更加慷慨，更加感激，这与会见朋友和家人有关，也与愿意对自己和自己的客体进行观察有关。我认为这些观察，用他对诺曼的势利眼和对黑人司机的态度来表述，开始是试图表达他希望与诺曼和解，以及他对被我阻挠的挫折感和愤怒感。这涉及痛苦地放弃一种无所不能的感觉，在这种感觉中，就好像能够轻易将障碍一扫而空。

在我看来，他引入种族主义主题是一种小小的挑衅，是为了避免意识到我实际上是要向他展示一些让他感到尴尬的好意。我不认为他相信我会指责他是种族主义者，但他对自己的渺小和缺乏权力感到尴尬，他能够通过一些技巧把我引向争论来缩短这种尴尬。

我认为他是想让我知道，他想让步并配合我们的分析工作，但正是这种合作引起了他的尴尬。当我开始解释他的偏见时，我已经使用了像“流氓”这样的字眼，这比我所预想的更快一步，合作的可能性几乎消失了。我想他的失望表现在他的愤怒上，这些愤怒源自诺曼没有搭理他的信息，以及当他给黑人司机让路时，黑人司机也没有搭理他。

我也没有理解他所说的好意，其中一个原因是，另一种更偏执的态度也以一种挑衅的方式提供了解释。他通过挑衅性地提到结束分析和诺曼的升职让他长期感受到不公平，以掩盖关于他在会谈一开始提及的“感觉更正常”的这部分信息。同样，种族主义的主题在我们之间也有很长的历史，并涉及相当无礼的反犹太主义色彩。当他感到脆弱时，他可以转而憎恨我设定时间和假期的方式，他希望被理解的愿望总是模棱两可，经常暗示我必须同意诺曼确实很无耻，或者他对黑人司机的观察只是事实，而他并不是种族主义者。现在回想起来，我认为他把种族主义和偏见说成是他以前否认的东西，但现在他痛苦地、试探性地试图承认，而为了处理他的尴尬，他必须能够撤回承认，并重新获得他以前的地位。在会谈中与我的对抗使他感到愤怒，这正好实现了这个目的。同样，我认为当他暗示可能会继续他的分析时，他觉得他是在给我让路。为了保护他的尊严，他需要重申他可能会在即将到来的休假时间终止咨询的威胁，并以这种方式制造干扰，防止我感激他对我的好意。

除了我自己太容易被激怒的原因外，我认为我受到了他的压力，因为制造不公正感具有重要的防御功能。我认为它引发了愤怒这种体验，从而转移了我们对那些几乎准备好公开谈论的话题的注意力。这个现象首先在会谈的情境中表现出来，随后出现在他生活中的其他方面。当我对他的偏见提出质疑时，我仿佛就中了他给我设下的圈套，他觉得他的怨恨是合理的。这使他觉得自己是对的，以此保护他免于感到尴尬。

在接下来的会谈中，他的想法更多了，关于这部分我将只是简短地报告一下。他描述说，他从咨询室走到山上后，当一辆公共汽车驶来时，他正向右转入大路。当他离开时，他意识到公交车没有像通常那样停在公交车站，他不得不紧急刹车。我把这与他通常的假设联系起来，即我不会在昨天提出的问题上与他发生冲突。后来我向他反馈，我说他意识到自己很难从分析中得到帮助，因为他对现在是否要停止分析感到不确定。他同意了，他抱怨说他想知道他是否可以将我们的分析工作暂停六个月或十二个月，然后如果他觉得需要的话再回来。我认为这与他在我休假时会遇到的困境有关，他认为我在五周后就会回来了，并且我会理所当然地认为他想继续与我的分析工作。

第二次治疗

在接下来的星期三，他在会谈开始的时候告诉我，他很罕见地记住了自己的一个梦：他当时离家参观一个现代艺术展览，其中一个艺术作品是一个约0.2平方米的树根，小根伸出来，看起来很不整齐。他认为它需要修剪，于是他拿出一把修枝剪，剪下一块树根，把它放在口袋里。他很尴尬，偷偷溜出博物馆，希望不要被人看到。一走出博物馆的大门，他就觉得松了一口气，心想："他们现在不能对我怎么样了。"

他接着说，公司的会计人员最终还是追上了他，因为他在自己的一个项目上花了一些钱。公司账户已经付款，现在要求退还。他因这个项目获得了一笔拨款，但他必须写一份报告，才能得到这笔钱，而他一直在拖延。麻烦的是，当他回到家，本应该踏踏实实地做些实质性的工作时，他只是在那里瞎琢磨。他把这个梦看作关于有罪恶的秘密和害怕被抓住的恐惧。他在备忘录中写道："钱在哪里？"这让他感到恐慌。他可以放烟幕弹，但他担心写报告的需要会毁了他的夏天。于是他很想自掏腰包，以避免去写这个报告。他知道他们会发现的，于是他问自己，他们能做的最坏的事是什么？他没有偷钱，钱都在账上。

回到他的梦中，他说在博物馆里有个人和他在一起。他想也许是诺曼，那个和他有如此大分歧的经理。梦境最后回到了办公室，诺曼探身，拿起他的那杯咖啡喝了下去。他愤怒地爆发了。他对诺曼霸占他的东西的方式很反感。后来他才告诉我，他习惯性地给办公室的其他同事端一杯咖啡，但从未给过诺曼。

我解释说，就像在最近的会谈中发生的一样，他带来了一些他感到羞愧的事情。起初这让他感到恐慌，但在梦中他似乎更尴尬。他说他想起了昨天在公寓里看到的一些修枝剪。他总是把院子里开过的花剪掉，有人告诉他这是植物的需求。那个约0.2平方米的树根展品似乎是被艺术家挖出来的，然后就直接放在那里。

我解释说，他忍不住要整理琐碎的东西，尤其是当我被认为在展示我的作品时。他指责我挖走了他的东西，并把它当作自己的东西展出。然而，一旦他在梦中剪断了树根，他似乎非常清楚那不是他的，他变得尴尬而焦虑，担心会被发现。他认可了我的这个解释。然后我们又回到了关于诺曼的话题上。他曾抱怨说，诺曼在做决策的时候试图将他排除在外。他想要知道办公室到底是采用等级制还是合作制。诺曼发了一份备忘录，其实这个备忘录好像是他们两个人共同参与的。之后他告诉诺曼，不，这不是合作，这是你在行使你的权力。

我的解释是，就像诺曼和他的咖啡一样，他觉得我了解他的想法，并以我的方式发展这些想法，而把他排除在外。他的观点是，他不是在与我合作，而是我在行使我的权力。就像势利主义和种族主义的主题一样，他让自己暴露在针对其行为的不利的描述中，在这种情况下，也许是为了让我使用“破坏性”这样的词，但那仅仅是我这个权威的个人观点，并不代表对他的观点的理解。

他说，他想起了那些去破坏转基因作物的人，他们就是通过这种方式让人们听到他们的抗议，这也被称为破坏性行为，但实际上这只是一种抗议，而不是为了破坏而破坏。他描述了他是如何思考像“破坏者”这样的词的，他的判断力想说“这是不公平的”，然后他的感觉又说“这是令人愤怒的”。另一个例子，他让我想起了他在德国考摩托车驾照失败的时候。他很气愤，因为他考试没有通过的部分涉及需要带着后座乘客在圆锥形物体之间进行缓慢移动。他感到非常不公平，因为他觉得这是他永远不需要使用的技能，而且他已经熟练地骑了多年的自行车。就是这些该死的德国人！他们认为道路是他们的！现在，他对我讲了同样的故事，但比起一两年前，他的抗议没有以前那么坚决了。他仍然感到委屈，但他现在似乎能够认识到，德国人确实拥有他们自己的道路，而他对于后座乘客的问题反映在了有人靠近他的时候，他会遭遇的一种熟悉的困境。

对第二次治疗的讨论

关于这次治疗，我认为和之前一样，它是紧张和充满对抗性的，但它也试图处理他带来让他感到相当痛苦和尴尬的问题。我认为，他觉得他的梦与罪恶的秘密和对被抓的恐惧有关，这可能与他希望从一个受保护的世界中走出来有关，在那里他可以做他喜欢的事，并面对与现实接触的尴尬。然而，随着事情的发生，他与自己更开放的一面的接触被切断了，取而代之的是他所看到的一个行使权威的分析师。因此，在他谈论诺曼的时候，他觉得诺曼和我一样，虽然我们都声称是共同合作的工作关系，而他看到他只是被放在自己的位置上。

虽然事后我可以解释说我采取了谴责的措施，但我似乎无法避免采取这种立场，而且我认为这导致我远离了其他更重要的领域。例如，我无法坚持认为这个梦是关于罪恶的秘密和被抓住。我认为这暗示着他无法抗拒地想要进行修剪工作。但我认为他可能是在暗示关于他自己的一系列痛苦的想法，他因为害怕尴尬的处境而无法接近。他未能完成那个用来获得项目所需资金的报告，也代表了我们未能解决这些痛苦的问题，而我对他修剪树枝这部分叙述的关注，导致我们忽视了他想要检查和评估我们的分析工作的愿望，他梦境中出现的艺术展览博物馆即象征着我们的分析工作。

他能梦到去看现代艺术会展，对他来说，这是对当代事物感兴趣的惊人认可。在这个展览中，我揭露了他的困难的根源，不可避免地让他感到尴尬，但我不认为他真的相信我是要把他放在被贬低被羞辱的位置。他不再满足于待在他的精神避难所，欣赏他自己的作品，而是真正带着兴趣和好奇心去看现代作品，尽管他忍不住要把作品剪掉。从这个角度看，他已经从精神避难所走出，且迈出了相当大的一步。

然而，与诺曼这样的同事的不断抨击和争吵的话题很容易在会谈中再现。我想，经常是我把唤起愤怒的机会递给他，比如递给他一把修枝剪、让他用作逃跑的路线，然后他就忍不住要拿。我想这是他所说的烟幕弹，它掩盖了一个更深层次的问题。

尽管我们两个人在会谈中互相指责，但分析工作并没有停止，他继续提出主题并试图使自己得到理解。他很少做梦，可以把它看作一种与分析工作的协作。梦境本身生动地表达了他的尴尬感，尽管我认为这种尴尬究竟是怎么一回事并不明确。

讨　论

尽管我们认为尴尬是一种相较于迫害而言，稍微没那么可怕的体验，但我认为它有时会非常痛苦，以至于难以承受，而转向更多的迫害性焦虑。我认为，如果我的病人觉得更温暖、更多的爱和依赖的感觉暴露出来，他就会特别尴尬。这些使他害怕被嘲笑，特别是在他吹嘘自己心智坚韧的优越地位之后。事实上，正是在他从基于自恋的优越感的精神避难所中走出来的时候，他是最没有安全感的。我似乎常常无法支持他度过羞辱期，也无法找到让这种羞辱变得可以忍受的方法，以便他可以继续进行更真实的心理体验。尽管如此，他并没有完全失去对我这个帮助者的信心，而且似乎经常为自己选择变得愤怒而感到后悔。

在克里斯托弗·里克斯（1976）关于济慈和尴尬的研究中，提出了这种尴尬和愤怒之间的逆向关系。在他看来：

> 愤怒与尴尬的关系很有趣；一股热浪驱散另一股热浪，如火中烧。所以，一个人避免尴尬的常见方法就是激起自己的愤怒。当一个人受到轻微的委屈（比如说，找错钱了），不得不在公众面前引起注意，以使事情得到纠正时，他就会这样做；这时轻微的愤怒就会被人为地激起，因为一旦被愤怒驱使，你就不会被尴尬所困扰。
>
> （里克斯，1976，第3页）

最终，我开始把这种一连串的变化看作我们必须解决的问题。而且我意识到，我之所以在他眼中扮演着一个批评性的权威人物，其实是他长期存在的内部客体关系的重复。与那些不公正地对待他的客体做斗争，是在我们的会谈中反复谈论的话题。尽管这造成了一种持续的僵局，但似乎确实有可能通过这种僵局而得到改变。当然，他自己清楚地意识到，我远非一个理想的客体。这似乎使他面对这样一种事实，即现实是令人失望和痛苦的。有一天，他提到母亲说她喜欢他新公寓里的厨房设备，这个主题就出现了。当他抱怨说它们其实是老式的，她母亲却解释说，她的意思不是说它们很理想，而是她可以“接受”的。然后他意识到，母亲似乎对他的父亲也有类似的态度，更痛苦的是，母亲对自己也是这样的态度。

在我所描述的许多互动中，我的病人似乎正在接近对一个内部现实的承认，在这个内部现实中，他的贪婪和破坏性得到了更好的控制，因此，他所遭受的焦虑与他所依赖的良好客体的损坏有关。然而，对这种破坏性冲动和幻觉的承认，意味着爱的感觉也是存在的，这可能导致后悔、自责，并希望纠正被破坏的客体以及他与之的关系。在我看来，他不能相信自己所感受到的好的体验，因为他太清楚当他的客体让他失望或表现出软弱时，他就会变得兴奋并且想要攻击他们。当他在他们身上发现一种可以去尊重的权威时，他也会感到尴尬。他对自己所具有的良好品质，和客体所具有的良好品格的基本信心似乎受到了损害。因此只能以非常谨慎的态度，来对待那些他试图恢复和验证这种信任的尝试性行为。被看见意味着他必须接受自己的某些方面，这使他感到非常羞愧。除非他能够允许自己承认身上存在好的和可以赢得尊重的部分，否则很难想象这是可能的。令他感到尴尬的是，他的好品质会被认为是虚假的，就像粪便伪装成黄金。

从精神避难所中走出来，面对抑郁性的焦虑，是发展过程中的一个重要阶段。然而，在可以忍受这种经历之前，“走出”这个行为本身必须经过协商。正是在这一点上，被人看见似乎会产生一种尴尬，个体因此迫切寻求解脱。虽然最终面对内疚和丧失涉及更深和更持久的痛苦，但似乎必须先经历一个前期阶段，在这个阶段中，被看见会导致个体感到尴尬，进而导致个体退缩回基于愤怒的精神避难所［另见里森伯格-马尔科姆（Riesenberg-Malcolm），1999］。

我所描述的病人对改善的反应，在治疗中表现为各种消极的治疗性反应。如果他所拥有的任何好的品质被看见，包括他从分析中获得的任何进展被看见，病人就会对嫉妒性的破坏性客体感到恐惧，他将这些客体感知为一种威胁，表现为要攻击和摧毁他。基于我和我的病人发现自己所处的那种情境下，我不想贬低嫉妒的重要性。嫉妒和对嫉妒的恐惧无疑在他难以承认与改善相关的满足感方面起到了一定的作用，特别是难以有信心允许这些进展被看见。然而，似乎有什么东西切断了他与自己的良好品质建立明确联结的体验，这与避免尴尬而不是避免嫉妒的攻击有更直接的关系。

也许进一步的研究将使我们能够更好地理解尴尬和嫉妒之间的关系。在本案例中，病人对嫉妒攻击的恐惧似乎来自一个更原始的精神病理性组织，该组织将他视为不洁和可鄙的东西，尤其是如果他感到渺小、充满依赖和感激时，这使他感到羞耻和屈辱，并产生了当一个白种人和要高人一等的需要。从这个情况来看，他与病态精神组织是一体的，他可以屈尊向我挥手致谢，而不危及他的优越感。然而，与这种原始的自恋组织同时发展的，还有一些更人性化和普通的东西，它们与害羞有关，与更公开的脆弱和温和的情感的出现有关，就像在他梦里出现的艺术品“树根”，我认为这也代表了温和的新生长。由于这些特质，尴尬与羞耻和屈辱不同，它较少充斥着嫉妒和蔑视。然而，我的病人似乎继续把它当作一种折磨来体验。

某种程度上，这可能是因为原始的精神病理性组织继续施加强大的威胁，而且他仍然怀疑他与我的关系不足以保护他免受迫害和羞辱。当他感到暴露时，他不确定自己的不适是否可以忍受，并确信他的尴尬使他容易受到羞辱性的攻击。因此，缩短尴尬的时间仍然是一个优先选择。愤怒情绪在这个时候出现便是最好的选择，这种情绪同时为他解决了好几个问题。愤怒情绪消除了区分他以前的迫害状态和已经发展起来的更良好状态的需要，以使他能够隐藏引起尴尬的温和情感。与此同时，他可以创造出精神病理性组织赖以生存的批判性氛围，他无疑从随之而来的施虐性兴奋中获得了某种满足。当我对他的挑衅做出回应时，我的行为恰恰是这个精神病理性组织所特有的敌对方式。当然，“指责”他是种族主义者，是因为我把自己变成了白人，而忽略了此时病人刚从精神避难所走出，他感觉到了爱和依赖，但也很渺小，很容易被鄙视为黑人。内疚可能也是他从精神避难所中走出来时复杂情感的一部分，但他觉得在梦中被揭露的秘密的重点在于，与其说这是一个有罪的秘密，不如说是一个令人尴尬的秘密。正是因为他对他与我的关系中出现的新情况感到尴尬，所以他觉得有必要去隐藏它。

当我跳出来思考我的病人所获得的进展时，最明显的是他对自己和对他的客体的态度逐渐发生了重要变化。具体表现为他呈现出的基于本质而非理想化的真正的尊重。然而，这种变化是私密、隐晦和暗示的，但没有明确说明。当客体关系中一个非常需要但又非常痛苦的方面被揭示出来时，一种微妙的敏感性似乎就出现了。在2001年1月17日英国精神分析学会对这篇论文所进行的讨论中，维克·塞德拉克（Vic Sedlak）提出了这样一种可能性：这与采取一种本质上被视为是女性的接受性姿态有关。

在《可终结与不可终结的分析》这篇论文中，弗洛伊德描述了“有两个主题变得特别突出，给分析师带来了不寻常的麻烦”：

> 这两个相对应的主题在女性中是对阴茎的嫉羡，表现为积极争取拥有男性的生殖器；在男性中则表现为与他对另一个男性的消极态度或女性化态度的斗争。这两个主题的共同点很早就被精神分析术语化，作为对阉割情结的一种态度。
>
> （第250页）

这个主题对这个病人特别有意义，我们发现他很难承认自己得到了好东西，并且有能力重视客体和自己身上的好品质。我们与好品质的关系的原型是嘴和乳房之间的接受性联系。这后来演变为包括阴道和阴茎之间的关系。有关于接受性的东西是否让我的病人觉得无法忍受？我认为，他最初在接受与乳房的关系方面的困难可能会使后来阴道和阴茎之间的联系的演变复杂化，塞德拉克认为，这可能与他难以将阴茎概念化为一种创造性的联系，而不仅仅是一种阳具的侵略性有关。这是伯克斯特德-布林（1996）所做的区分，她创造了“作为联结的阴茎”（penis-as-link）这一术语，与代表基于权力和支配关系的阴茎概念形成对比。当然，我的病人坚持认为他是一个阴茎客体的攻击对象，而不是“作为联结的阴茎”的接受者，这很可能导致一种特殊的迫害性体验。

弗洛伊德写道：“在男性中……被动的态度［他指的是接受的态度］……被强烈地压抑着，并且通常它的存在仅通过过度补偿来表示。”（1937，第251页）。塞德拉克认为，当病人把我的工作看作一种与流氓、破坏者和该死的德国人的大男子主义的对抗时，他的反应是愤怒的，因为这种对抗创造了一种气氛，使他的思想远离温和和欣赏。

其中一些可能与男性病人与男性分析师之间的特殊困境有关，类似于我的病人与他父亲之间的关系困境，但我怀疑在接受能力和女性气质方面存在更深的问题。弗洛伊德认为，这种态度代表了精神分析治疗中遇到的一些最深层次的议题。

> 关键在于，抵抗阻止了任何变化的发生——一切都保持原样。我们常常有这样的印象：当发现病人存在对阴茎的渴望和对男子气概的抗议时，意味着我们已经洞悉了最深层的心理动机，因此我们的分析工作就可以结束了。这可能是正确的，因为对于心理学领域来说，生物学作为基础学科为人类行为和心理现象提供理论依据。否定女性气质无非是一个生物学事实，是性之谜的一部分。很难说我们是否以及何时在分析性治疗中成功地掌握了这个因素。我们只能安慰自己，我们已经给了受分析者一切可能的鼓励，让他重新审视并改变对它的态度。
>
> （1937，第252—253页）

他把两性的问题与他所说的阉割情结联系起来。现在，我们可以把这个问题追溯到我们在同意女性的接受性姿态时所遇到的困难，尤其是与一个好客体有关（第九章里，关于这个困难进行了更详细的论述）。当这种关系被观察到时，似乎还有一种额外的品质。正是在这里，第三个观察客体的品质可能是至关重要的。这时，被人看见会引起尴尬，就像它可能会引起对被嫉妒的恐惧一样。这两种体验之间的关系很复杂，但可能非常重要。要想在已经取得的进展的基础上获得进一步的发展，就需要进一步提高容忍的能力，以更好地涵容被观察和被评判有关的各种恐惧体验。

第四章 将分析师移情为一个被排除在外的观察者

在这一章中，我考虑了一些方法，可以将分析师置于一个局外的观察者的位置，他们只是旁观者而不是参与者。在这个位置上，他可能会对他所观察到的东西提出批评，正是这个类似“超我”的角色引起了病人对被贬低的一些恐惧。我将简要回顾关于移情的发展中一些重要观点，这些观点在很大程度上归功于弗洛伊德的发现。然后我将阐述一些基于弗洛伊德工作的后续发展，它们给我个人留下了深刻的印象。我特别提到梅兰妮·克莱因对一个由内在客体组成的内在世界的阐述，以及她对分裂和投射性认同机制的描述，这两者都深刻影响了我们对移情的理解。①

通过使用一些临床资料，我试图说明一种重要的移情情境，我认为这种情况之前没有得到充分的强调，尽管它是克莱因概述的“整体情境”的一部分。在这种移情情境下，分析师发现自己处于一个观察的位置，不再是爱与恨所指向的原初客体。相反，分析师被置于局外者的位置，他可以很容易扮演批判者的角色而不是理解他所处的角色。在这种情境下，分析师可能试图重新获得作为病人在移情中的原初客体的地位。或者，他也可以完全避免移情，进行移情之外的解释，并且以这种方式扮演一个评判性和批评性的超我角色。

① 本章所依据的论文于2006年10月14日在周末英语会议上发表，并于2007年2月7日在英国精神分析学会的会议上宣读。这篇论文当时的名字为《当下和过去的移情》(*Transference Now and Then*)。其中的双重含义是为了表达对移情的当代和早期观点的比较，也是为了指出，移情一直存在，而不是偶尔才出现。

如果分析者能够容忍核心角色的丧失，并理解他自己所处的移情的位置，那么他有时可以减少活现，并释放他和病人身上关于哀悼和丧失的感觉。

移情的起源

移情的故事始于弗洛伊德观察到一种情欲化的浪漫因素侵入了布罗伊尔（Breuer）对安娜·欧（Anna O）的工作中。他看到，这种因素之所以更加有影响，是因为它没有被认识到，它不仅仅是那个特定病人的一个特点，或那个特定治疗师的弱点。相反，他看到“几乎不可避免的是，[病人与治疗师的]个人关系将迫使移情本身……不适当地出现在最显著的位置”。（弗洛伊德，1895，第266页）此外，弗洛伊德并不认为自己在这方面比布罗伊尔高明，他认识到了自己的易感性：

> 有一天，一次经历让我明白了我长期以来的怀疑。这与我最顺从的一个病人有关，催眠术使我能够给她带来最不可思议的结果，我正与她一起通过追溯她的疼痛发作的根源来减轻她的痛苦。有一次，当她醒来的时候，她用胳膊搂住我的脖子。一个仆人的突然到来使我们从痛苦的讨论中解脱出来，但从那时起，我们之间有了一种默契，即催眠方法将被停止。我很谦虚，没有把这件事归咎于我自己不可抗拒的个人吸引力，我觉得我现在已经掌握了催眠术背后神秘因素的本质。为了排除这种经历，或无论如何与这种经历保持距离，有必要放弃催眠术。
>
> （弗洛伊德，1925，第27页）

最初，移情只是被看作令人尴尬和潜在的危险。然而，当他放弃催眠时，弗洛伊德开始要求病人描述他用手压他们额头时的回忆和图像，在这里他发现移情是对回忆的一种阻抗。起初他声称这种“压迫技术从未失败”（弗洛伊德，1895，第281页），但几页后他又提到，当病人与医生的关系受到干扰时，这种技术就会失败，他把这描述为“我们可能遇到的最糟糕的障碍”。然而，这种阻碍无法避免，他说：“我们可以估计在每一个相对严肃的分析中都会遇到它。”（弗洛伊德，1895，第301页）

在弗洛伊德的一生中，他都在强调移情作为阻抗的重要性，甚至在他生命的晚期，当他意识到他仍然希望移情能简单地消失时，在我看来，他似乎对自己笑了笑，并十分怀念分析师扮演这样一个角色，即“一个帮助者和顾问，而且，他帮病人解决麻烦因此而得到相应的报酬，并且他自己会满足于某个角色，像一个在一次艰难的登山中的向导”（1940a，第174页）。

然而，这种超脱和不参与的角色，无法帮助我们在对移情的理解上取得突破，我一直认为这是弗洛伊德天才的主要标志之一。他认为是麻烦和障碍的东西，后来被认为是分析过程的一个非常重要的方面，也是使有意义的变化成为可能的关键要素。在《移情的动力》（*Dynamics of Transference*，1912）这篇论文中，他写下了几句著名的话，标志着对移情的普遍性和核心地位的真正认识：

> 毋庸置疑，控制移情现象给精神分析师带来了最大的困难。但我们不应忘记，正是移情为我们提供了不可估量的作用，使病人隐藏的和被遗忘的情欲冲动变得直接和明显。因为当该说的说了，该做的做了，就不可能在缺席或象征中摧毁任何人。
>
> （1912，第108页）

大约在同一时期，在《回忆、重复和修通》（*Remembering*，

Repeating and Working-Through，1914b）这篇论文中，弗洛伊德将移情与强迫性重复、见诸行动和修通联系在一起。在这里，他同样写下了以下令人难忘的几句话：

> 病人记不起任何他已经遗忘和压抑的东西，但是他用行动把它们表现出来。他使它们重现，不是作为记忆而是作为行动；他重复它们，当然他自己不知道他在重复……例如，病人并没有说他记得自己曾经对父母的权威持挑衅和批评态度；然而，他对他的精神科医生的行为是这样的……他不记得自己曾对某些性活动感到强烈的羞耻，害怕被发现；但他明确表示，他对现在开始的治疗感到羞耻，并试图对所有人保密……只要病人在治疗中，他就无法摆脱这种强迫性重复；最后我们明白，这就是他记忆的方式。
>
> （弗洛伊德，1914b，第150页）

起初，弗洛伊德认为，只要确定移情的存在，就足以让它消失，但到了1914年，他认识到，必须在修通的过程中反复理解和解释其表现形式。

对弗洛伊德来说，移情仍然是阻抗的来源和一种交流的形式，它向我们传递了很多关于病人的历史和态度，以及关于基本防御过程的信息。我们对移情的理解的后续进展是弗洛伊德思想的发展和延展，这些进展的先导往往可以在他的作品中找到。

内在世界

弗洛伊德在《哀伤与忧郁》（*Mourning and Melancholia*，1917）这篇论文中指出，一个人的内在世界是由所丧失的客体组成，并在《自我与本我》这篇论文中对此观点进行了充分的扩展，弗洛伊德在其中写道：

> 这可能是一种认同。这种认同是本我能够放弃其客体的唯一条件……我们可以假设，自我的特质是被抛弃的客体投注的沉淀物，它包含那些客体选择的历史。
>
> （1923，第28—29页）

在《精神分析纲要》（*An Outline of Psycho-Analysis*）中，弗洛伊德用了一整节的篇幅讲述了内在世界。在表达同样的观点时，他是这样描述的：

> 外部世界的一部分，至少是部分地，作为一个客体被抛弃了，然后通过认同，被带入自我，从而成为内在世界不可分割的一部分。这个新的心理机构继续执行迄今为止由外部世界中的人［被抛弃的客体］所执行的功能。
>
> （1940a，第205页）

弗洛伊德对于内在世界进行了基础性的描述，但是在梅兰妮·克莱因的理论里，她强调了内在世界的重要性。她指出，内在世界是一个非常重要的地方，对病人来说，内在世界和外部世界一样真实。基于她对儿童的观察，她发现，儿童通过与玩具的游戏使其内部客体变得生动，她因此注意到儿童的内部世界。她认识到，这从根本上影响了我们对移情的看法。它使我们能够认识到，移情的内容与其说是来自过去的客体，不如说是存在于现在的客体，是被投射到分析情境中的内部客体［约瑟夫（Joseph），1985］。

对于克莱因来说，移情的特点是在内部和外部之间不断地相互博弈。此外，在她看来，也正如斯特拉奇（Strachey）在他非常有影响力的论文中所暗示的那样（斯特拉奇，1934），投射到分析师身上的不仅仅是超我，而是被称为“整体情境”的东西。移情传递的是所有的情感、防御机制和客体关系，这些都存在于客体之间，以及自我和内在世界的客体之间。克莱因简单地指出：“……病人必然会用他过去使用的相同方法，来处理他们和分析师之间在分析情境中重新体验到的冲突和焦虑。”（克莱因，1952a，第437页）

分裂与投射性认同

在移情中传递的内容，或者更确切地说，内在世界是如何在分析环境中被外化的，克莱因发现的分裂和投射性认同这两个机制彻底改变了对这个问题的理解（克莱因，1946）。这是我们理解移情、心理变化的本质，以及治疗目标这些议题的进一步重大突破。

弗洛伊德已经描述过分裂，甚至写了一篇名为《防御过程中的自我分裂》（*Splitting of the Ego in the Process of Defence*，1940b）的论文，但是在这篇论文中，他主要关心的是两种相互矛盾的信念在头脑中的共存现象。这一观点在他关于恋物癖的论文（弗洛伊德，1927）中得到了最明确的论述。他在论文中描述了对性别差异事实等观察结果的承认和同时否认。在《精神分析纲要》中，他做出了类似的区分，他提出：

> 在所有这些案例中，一种心理分裂发生了。它们形成了两种心理态度，而不是单一的态度，即一种是考虑到现实的正常态度，另一种是在本能的驱力作用下，将自我与现实分离。
>
> （第201页）

然而，在大多数情况下，弗洛伊德认为自我是单一的，被来自本我和超我的力量拉扯着，就像一个橡胶球在压力下变形，而不是分裂。克莱因的分裂和投射性认同理论对此现象的理解则非常不同。在她的论著中，自我被视为不断地在遭受分裂，有时以暴力混乱的方式分裂成碎片，有时涉及一个更连贯的过程，即自我的一部分被分裂和投射出来，通常是为了摆脱自我中不需要的部分。分裂的这两个方面对于理解移情有着特殊的重要性。首先，在分裂状态下，自我和客体都被感知为碎片，这种比较绝望的情况主要出现在精神病或精神病前期状态。这些状态通常与巨大的焦虑与人格解体联系在一起（罗森菲尔德，1947）。在移情发生的过程中，这些碎片会被猛烈地投射到分析师身上。这深刻地影响了移情，并可能给分析师带来巨大的压力。如果分析师能接受病人投射过来的片段并赋予其意义，病人的焦虑就会减轻，碎片的整合在一定程度上也会发生。

在第二种分裂中，也是克莱因在《关于一些精神分裂症机制的说明》（*Notes on Some Schizoid Mechanisms*，1946）中描述的，分析师是病人自我的某个特定碎片的接受者，而不是简单的一堆碎片，就像在碎片化分裂（fragmented splitting）中一样。投射和由此产生的认同会导致各种不同的结果，这可能相当复杂，也很难厘清。

人们逐渐发现，投射性认同并不总是病态的，事实上，只要进行人际互动，投射性认同就总是会不同程度地发生。更加激烈的分裂类型可以被认为是病态分裂的一种形式。罗森菲尔德（1971b）详细记录了其他形式的分裂，基于分裂的强度和不灵活性，分裂的形式可以分为正常和病态。事实上，索德雷（Sodre）认为，"投射性认同是一个概括性术语，它包括许多不同的过程，通常被用来描述正常的交流模式以及极其病态的操纵，甚至是作为人格特质根源的永久性病态状态"（2004，第54页）。

人们普遍认为，分裂和投射性认同会影响病人和分析师，并引起移情和反移情。然而，对于通过检查分析师自己的反移情以获得关于病人所投射的信息的价值，分析师们的观点呈现出较大的分歧。克莱因自己也持怀疑态度［斯皮利厄斯（Spillius），2007］，她认为，反移情告诉我们更多的是关于分析师自己的内在部分信息而不是病人的，而对分析师的影响显然取决于许多因素，包括分析师自己的心理状态和他对病人的接受能力。还有一个更加重要的因素来自这样一个事实，即大部分的反移情都是无意识的。

内在客体关系的活现

由于我们的许多反应是无意识的，我们总是容易处于见诸行动的危险之中，但是很难去涵容对方投射到我们身上的东西。基于思想和行动之间的基本区别，弗洛伊德（1911a）描述了一种旨在“解除对于心理刺激的负担”的见诸行动。这非常接近于我们今天所说的排空式投射性认同（evacuative projective identification）。而且我们已经认识到，当病人和分析师无法控制“刺激物的增加”时，都会求助这种机制，即见诸行动。分析的态度（西格尔，1967）可以被认为是分析师允许自己接受投射，并尽可能地避免见诸行动。相反，分析师试图用思想来代替行动，当他能够理解病人所传达的内容时，他就能够将思想作为一种解释来将其言语化（比昂，1962）。如果分析师难以接受投射，那么他也无法去思考在内心积聚的心理刺激。从某种意义上说，如果分析师做不到涵容，那么他们或多或少会见诸行动。

桑德勒（Sandler，1976a，1976b）和约瑟夫（1981，2003）的工作特别促进了我们对活现（enacment）的理解。桑德勒描述了婴儿期的角色关系如何在与分析师的关系中得以呈现和检验，而约瑟夫则展示了大量的工作来支持她的观点，即分析师不可避免地被卷入病人的幻觉中去扮演某个角色。从本质上讲，两位学者都更详细地说明了分析师是如何被引导去扮演病人内在世界的一个客体角色。他们两人都认为，观察这一角色可以揭示病人的防御系统和他习惯性的客体关系。事实上，桑德勒认为，分析师必须有一个自由悬浮的反应能力以及自由悬浮的注意力，因此，尽管活现必然总是反映出涵容的失败，但不可能压抑它们，因为这样做会使关系变得僵硬和不自然（斯坦纳，2006a）。当然，分析师有时也可能没有立即识别出活现的发生，但它们的确经常会引起分析师的注意，因为它们会令分析师感到尴尬，病人也可以将其指出。

认　同

罗森菲尔德（1971b）描述了各种动机，他认为这些动机引起了不同类型的投射性认同，有些是为了摆脱人格中不需要的部分，有些是为了控制和占有客体，还有一些主要是用来与分析师交流。所有这些都可能在不同程度上同时运作。然而，考虑哪种动机占主导地位对我们的治疗是有帮助的。

投射之后的认同也可能是复杂和多变的。例如，当动机是为了摆脱某样东西时，一个不需要的成分被投射到客体身上，在投射的过程中，它被否定并与客体认同。布里顿（1998a）称之为归因性投射性认同（attributive projective identification），并将其与获得性投射性认同（acquisitive projective identification）区分开来，在前者中，个体将自己与客体的一个特质相认同。有时，这种认同包括影响病人性格和身份的内摄过程。

弗洛伊德本人早在1910年的“莱昂纳多案例”中就描述了这种多重认同，他展示了莱昂纳多如何对待他的学徒，仿佛他们代表了作为男孩时的自己。同时，莱昂纳多认同他的母亲，并像他希望母亲爱他一样爱这个男孩。弗洛伊德指出：

> 孩子对母亲的爱不能继续有意识地发展下去；它屈服于压抑。男孩压抑他对母亲的爱：他把自己放在她的位置上，与母亲认同，并把自己作为一个模型，在这个模型中，他选择了他爱的新客体。
>
> （弗洛伊德，1910，第100页）

在这里，自我的一个婴儿期部分被投射出来，并与学徒认同，而自我的其余部分则与母亲认同。在其他情况下，或在同一个人的其他发展阶段，认同可能会发生转换，我们会看到相反的情况，即一个母性的内在客体被投射并与外部客体发生认同，而自我则承担了一个婴儿的身份。

以上这些论述是我们对移情的理解中的一些新发现，给我留下了深刻的印象。我希望读者能清楚地看到，其中许多理论是弗洛伊德发现的，或者是其他人在其建立的基础工作之上继续延展的。

分析师作为被排除在外的观察者

克莱因（1952a）建议，当解释移情的细节时，根据从过去转移到当下的“整体情境”进行思考是非常重要的。在这一节中，我将论述聚焦于内在恋母情结的不同方面可能显现出来的方式。布里顿（1989）将恋母情结中父母之间的联结描述为“缺失的联结”（missing link），并表明儿童很难认识到他被排除在这种关系之外。相反，孩子更倾向于与父母中的任何一方单独形成联结。这意味着父母一方总是有一个人会被排除在外。母亲作为一个重要客体，在儿童发展的早期通常被看作欲望的原初客体，儿童将爱和恨的感觉都集中在母亲这个客体上。然而，在不同程度上，被排除在外的次要客体通常以超我的角色存在，观察和评判孩子与原初客体的关系。有时这个超我人物会提供赞美、钦佩和鼓励，但往往更多的是充满迫害特性的一个嫉羡的破坏性超我形象。在许多情况下，以这种方式被观察的体验被个体描述为一种羞辱，然后可能极其痛苦（斯坦纳，2003，2006b）。

观察性移情对分析师来说也是难以忍受的，我发现它特别有助于分析情境中的活现。特别是当病人所带来的情境涉及没有直接移情联结的强烈情感时，例如，经常是报告与父母、配偶或竞争对手发生争执的事件，就会出现这种情况。在这些情况下，分析师可能会试图强迫自己回到占主导地位的分析师位置上，或者他可能会被诱导做出移情之外的解释，例如，对病人的关系进行评论。通常情况下，分析师在这种争辩情境中表明立场会面临巨大的压力，因为道德方面的问题在这种情境中自然会突显出来。当我们这样做的时候，很容易被卷入具有审判性质的角色中。即使我们试图理解正在发生的事情，并做出合理的共情性评论，我们还是会无法避免地变成一个符合病人内在超我的角色，因为病人已经将这部分投射到了分析师身上。

如果我们能够认识到这种情境的发生背景，我们就可能避免急于试图让自己成为参与者，来应对被排除在外的感觉。这样我们就有足够的自由空间来认识到我们被置于观察者的角色中，并防止自己做出具有批判特性的移情之外的解释。这意味着在分析师成为原初客体感觉的焦点时，我们并不局限于从“当下和过去”的联结视角做移情解析，而是在病人所带来的每一种情境中去尝试理解移情的含义。有时我们可以认识到自己是承载爱与恨的客体，但在其他时候，我们被要求进行评论和观察。澄清和解释观察性客体在移情中的角色，有时可以把被观察和被评判的强烈感受公开化。这就使得观察性客体以严苛的超我形象的形式被阐述和分析出来。

当分析师意识到他不是病人的原初客体时，他可能会因为被排除在外而感到受伤或怨恨，但他也可能会体验到一种与放弃原初客体角色有关的失落感。在这种情况下，分析师可能会进入一个对这种失去的哀悼阶段，这可能会促进病人对自己的哀伤的认识。

临床资料

现在我将根据移情的当代理论来讨论一些临床材料。

F先生是一位四十多岁的男人，经过六年的分析，他获得了重大进展。在上一个圣诞假期之后，他宣布他打算停止治疗。事实上，他说他打算在七月停止治疗，在此之前，他想要减少治疗次数。他解释说，他知道我认为我们还有更多的工作要做，但他认为他已经做得够多了，此外，当他的休息时间与我的不一致时，似乎总是会出现困难，而他不希望再出现这种困难。他说，他怀疑我想保持每周五次的治疗，但他知道，他可以在他想停止的时候自由地停止，如果他想减少治疗次数的话，他也可以自由减少治疗次数。后来他想，即使他只来三四次，我也可能还是向他收取五次的治疗费，但他说，他可以随时拒绝付款。他对我做事情的方式表示了相当大的愤怒，但也对我维持设置的稳定性表示赞赏。

第一次治疗

上述我报告的治疗发生在我休假回来后的一周，从周一到周三我都不在。在我回来的那个星期四，病人很恼怒。他开始整理他的一些文件，撕碎了一些，保留了一些。他的伴侣B发现他脾气暴躁，他认为她会像往常一样抱怨他对她的性生活不感兴趣。他想象着回答说，如果她少擤鼻涕，不来月经，他就会觉得她更有吸引力。

我的理解是，在我休假结束之后，他发现我没有吸引力，觉得他不想靠近我。他说他不确定自己的感觉。B问他，我不在的时候，他是否想念他的分析会谈，他无法回答她。我的解释是，他没有清晰地感受到我的缺席，不知道如何回答。他反馈说可能是这样的，但他还有别的想法。在B要求他整理的那些文档里，有一堆他搜集的我的论文（或者文章）。因为病人与分析师之间没有任何专业上的联系，这个事情对我来说就像一个新闻一样。但我知道他不时地在网上搜索我，我想知道他是否就是在网上找到的我的文章。他说这些文件与其他有关退休政策的文件放在一起，他不知道应该把它们撕碎还是存档。现在他保留了这些文件。

尽管他很恼怒，但在我看来，他似乎对我最近的离开和分析的结束感到相当难过，通过整理收集的文章，他也在试图厘清他从中获得了什么。我说，当我在假期后回来时，他担心我不明白他发现我没有吸引力，但他想让我知道他心里还有我，至少在这段时间里，他不打算撕碎这些文件。我补充说，我认为他想更多地了解自己的感受，以便为分析的结束做好准备，这样就不会像他小时候母亲得抑郁症那样，对他造成突如其来的打击，当时没有人意识到有什么令人担忧的事情可能发生。

对第一次治疗的讨论

在这次治疗中，我认为病人一开始就把我推到一边，有点像一个母亲不在身边的孩子，必须哄着他重新建立接触。我想他需要我去理解他，在我休假之后，他感到冷漠和恼怒，并想转身离开我，就像他离开他的伴侣一样。我想他感觉到有一种要求，就是当我再次出现时，他应当感到温暖和高兴。而这意味着他必须克服他冷淡的情感来回应我的休假。他暴躁的情绪表明，他无法做到这一点，并且也无法做到不提出抗议。在更深的层次上，我认为他的情绪平淡是他对丧失的典型反应，代表了他内心世界的死寂和一些无反应的东西。在伴侣的压力下，他整理了一些他收集的关于我的文件，这使他偶然发现了关于我的一些新信息，我想这让他很吃惊。我认为，我最初的任务是在他感到有压力的时候，涵容他的焦虑，并以一种活泼热情的方式做出回应。他似乎松了一口气，因为他发现我并不指望他喜欢我，而且当他拒绝我时，我也没有反过来拒绝他。这也延伸到他对结束分析的感受。他感到欣慰的是，我没有试图阻止他结束分析的决定，但我也没有对他的决定采取任何立场。我认为他确实感受到了来自我想去维持治疗设置的压力，而且他认为我不会同意将他的疗程从每周五次减少的想法。有时，这些问题给我带来相当大的压力，对我来说，也不总是那么容易去做到涵容的。我担心我可能也会犯错，要么通过暗示他需要更多的分析来给他施加压力，要么在他准备好之前就允许他以那种草率的方式随便停止。

他在公寓里发现了他收集的我写的一些文章，并决定在此期间保留这些文件，这就产生了一种不同的情绪。在我看来，虽然我在他的内在世界中占有一席之地，但他却无法判断我的重要性。他没有说他从哪里得到这些文章，甚至没有说他是否读过或理解这些文章。我确实认为这种情况与他童年时期的创伤性事件有关，而他对此几乎没有什么记忆或感觉。当这些事件在移情中被重新体验时，新的感受在他内心被唤起，他不知道该如何理解这些感受。其中一些感觉与哀悼和丧失有关，当他越来越意识到我的缺席并担心会失去我时，这些感觉就被唤起了。他试图整理关于我的这些文件并决定是否要去撕碎它们，让我想起梅兰妮·克莱因关于抑郁症的论文（1935），其中她描述了A女士整理她的信件，作为哀悼的一个初始阶段。我认为他的主要体验是，他的感觉仍然太平淡或者感觉到心如死寂，这些感受在他的脑海中还比较模糊，这使他不太清楚自己的想法或感觉。

第二次治疗

他以愉快的心情开始了下一次治疗，他告诉我说爬山很有趣，那里的水管正在修理，塑料盖架在人行道的洞上，它们很有弹性，踩过时还会发出声音。这是一个寒冷而晴朗的日子，他感觉很好。然而，他补充说，他对我解释一切都与自己有关的方式感到厌烦。他说，这有时是可以的，但常常显得很勉强。他知道这确实让事情变得更直接，但他心里还有其他事情。他很忙，然后留给我的时间就变少了。今天是星期五，本周我们只有两次会谈。这感觉就像流程中断了。而他下周可能会取消一次治疗，也许是周三或周四的治疗。他的朋友C和他的儿子要来，他不想打断和他们在一起的时间。他猜想我将把这看作对我休假的报复，但他不同意。

我说，他希望在他有其他重要的事情需要做的时候，我能够同意并支持他。他说："嗯，是的，所有这些要来的访客，现在知道要来的有我的表弟，然后是C和他的儿子J。我不知道J是否会破坏东西。他现在已经四岁了，也许比去年更有意识。”我的理解是，他喜欢踩在塑料盖子上，因为塑料盖子似乎很结实，可以支撑他的体重，就像他觉得我足够结实，可以接受他对我休假的愤怒一样，他也可以接受我对他所做的这个解释。今年，他似乎也更清楚地意识到，缝隙是很难弥补的，一些东西很容易被打破。

他回答说，他认为无论如何我都会将他所说的一切理解为是和我有关的，并提醒我，乔治·布什在巴基斯坦，对大规模地震的幸存者几乎没有给予任何帮助，还是有许多人无家可归。我回应道，大多数情况下，他感到幸运，因为分析工作在短期中断后还是可以继续，间断期也是可以弥补的，但有时我在他身上产生了一种地震，特别是如果我一方面似乎表现得不在乎，另一方面又太过急切地想要做一些分析性解释以把分析工作往前推进。然后，他不确定这个设置是否能维持。我不知道他是否对无视我的账单感到难过，因为他通常会及时支付。他说，我把账单给他时，他连看都没看。目前，他的账户里没有足够的钱。他需要合计一下他的开支。我认为，他试图通过整理他的文件来评估事情，这期间遇到了他无法合计的记忆和感受。他说：“是的，但你已经把我晾了三天了！那时的连续性在哪里？”我说，有那么一刻，他似乎很介意被晾在一边，他不确定我是否真的在乎他。也许当他觉得自己是个小男孩时，就像要来他家看望他的小男孩J一样，这种间隔太久的话，他就没有安全感。

他说，对他来说，讨论他作为一个小男孩的感受总是很困难。他觉得那是一种羞辱、贬低和侮辱。他更倾向于认为自己是成熟的、有应对能力的。我的解释是，我认为他是在看我是否足够成熟，不会介意暂时被晾在一边，然后默默地等待他能够有感觉出现，以及等待他支付我的账单。停顿了一下，他说，他认为人们有孩子的一个原因是，相比较于父母而言，小孩子需要更多的情感支持。我回应他说，情况并不总是这样，有时大人也需要帮助。我认为他的父母也是如此，他们的需求似乎在推动自己前进，就像他为我担心的那样。他说这是一个悖论。当他的母亲专注于她自己的事情时，她没有想到他或他的兄弟。而他的父亲则躲在报纸后面，“他们没有把自己推向离我们更近的位置”。

我说，我认为他是想把我晾在一边，让他有机会和客人在一起，但是他也希望我能在那儿，以便他需要我的时候，我可以随时出现。他说他曾经看过弗洛伊德的书，弗洛伊德说，获得普通的不快乐意味着你已经做得很好了。我说，我认为他的记忆引起了不快乐的感觉，但他发现这些记忆很难评估。这到底是普通的不快乐，还是更可怕的东西，就像地震一样，它对我们建立起来的稳定关系具有很强的威胁性和破坏性。特别是我认为他不知道他对这次中断的感受，他认为这是一种关于结束的彩排。他说他不知道在治疗结束时会有什么感觉，他猜想也许会感到恐慌。最后一次治疗会是什么样子？我会微笑吗？他会哭吗？他会拥抱我吗？还是会跟我握手说再见？他会害怕吗？他想他会保留一些关于在做分析时的记忆：我工作室门口的密码键盘、等待室，还有地毯、植物和图片。他只是不知道如果没有我，他会怎么做。

我的理解是，他不知道会发生什么，他也不确定自己现在的感受，所以他担心结束治疗本身可能还是会给他带去突然的打击，就像他母亲住院时那样。在此之前，他总是争辩说他不知道有什么问题，但我认为这不再是真的了。我认为此刻有相当多的情感存在，但这对他来说很困难，因为这似乎与作为一个小男孩有关，而且他认为成年人不会对结束或者分离感到难过。他提到，他经常觉得结束他的分析就像协助自杀，但这不是他唯一的印象，他认为结束可能更像剖腹产。我说他也觉得挣脱束缚是件好事，他想从与我过于亲密的联系中走出来，走向真正的独立。他担心的是，他可能会伤害我，而且如果他真的需要我，我可能不会在他再次有需求的时候出现。

对第二次治疗的讨论

在第二次治疗中，他以一种玩耍的心情开始，我想他觉得自己更强大了，并且部分地认同了要来和他待在一起的小男孩J。他很喜欢在石板路的洞上盖上的塑料盖，我认为这表明他觉得分析的结构能够支持他。并且，这种自信的感觉使他能够更有力地抱怨他所认为的我把自己往前推的方式，即对移情的解释过于用力。我想，他觉得我经常把自己作为原初客体，对他来说，我比B或去他家做客的客人更重要。然而，和我感觉不一致的是，他其实更多地把我看作一个次要的观察客体，评价他是否成熟和理智。然而，他很焦虑，他担心这个四岁的男孩会弄坏东西，我怀疑这与他坚持要错过下周的治疗以便和他的客人在一起有关。我想他是不确定这是否会产生“地震”，他担心，像布什总统一样，我将无能为力。

通常情况下，地震是在我身上产生的，如果这一点没有得到充分的控制，他就会感到压力和受到我的批评。错过一次治疗被认为是走向独立，就像剖腹产一样使他摆脱了我的控制。然而，他似乎也真的很担心，觉得我应该待在一个不显眼的位置，以便在他需要我的时候，我可以随时站出来。他觉得他的父母因为他们自己的问题而无法做到这一点。我认为他的一个重要困难是，他觉得情绪化和不安是幼稚的。如果他把我看作他的原初客体去依赖，他觉得这是一种羞辱，他需要得到支持，以增强他的应对能力，使他变得坚强和勇敢。我怀疑这是让他感觉平淡的一个因素，因此他不清楚。他的分析即将结束，对分析结束的体验总是模糊的，这部分体验又总是作为每一次会谈的背景色，他发现不可能弄清楚他对此会有什么感觉。还有一个问题，就是我对失去他的感受。这也很复杂。虽然很明显的是，看到他离开和结束咨询，我将会很难过，但和他一样，我也不确定他现在想要结束咨询的决定是否正确。我毫不怀疑，我的一些感受影响了我对他的理解，让他把连我自己都难以厘清的感受表达出来，也许被他视为一种压力。

移情的主题

我认为，我所提到的关于移情的许多特征都可以在这些会谈中得到体现。对弗洛伊德来说，最初在移情中唤起的是情欲感受。在这个病人与我的关系中，这些感觉在各个阶段都很突出。然而我认为，他可能给我一个拥抱的幻想所涉及的情感，更多是温和的而不是兴奋的。这种气氛与先前发生的情况非常不同，之前他受挫的好奇心有时会导致兴奋、侵入性的幻想。

在我看来，移情对记忆的影响也很重要。虽然早先以他母亲的抑郁症为中心的心理创伤，似乎是他生活中一个形成病理性组织的因素，但他对自己的童年几乎没有任何记忆，而且他的那些记忆在情感上也不是很强烈。在这种程度上，我觉得他只是在不断地重复，而非回忆，而且在治疗期间，我们很难复原或者重建他生活中的一些事件。这方面的一些情况正在逐渐改变，并导致我们之间的联系加深。

内在世界的概念包含了在治疗过程中与我一起投射和活现的客体，这对于使我能够对他的情况进行定位至关重要。我想这可以帮助我保持一种对分析的好奇和兴趣，并意识到，他的感觉与其说与我作为一名分析师的“不可抗拒的品质”有关，还不如说是因为他能使我在他的内心世界中活现出一种客体关系。

有时，正是对投射性认同的理解使我能够意识到，当我处于压力之下的时候，我要控制住自己的感受以涵容这些压力，而这种感觉有时不可避免地以活现的方式溢出。当他宣布他将缺席治疗或在结束他的分析之前减少治疗次数时，我想我一定会感到被拒绝和不安，而这种感觉有时没有得到充分的接纳。当他与内疚和其他抑郁情绪作斗争时也是如此。当这些感觉被投射出来时，它们在我自己的内疚和自我怀疑的感觉中找到了现成的对应物。这意味着有时很难分清哪些感觉是属于他的，哪些是因他在我身上产生的，更应该属于我。我怀疑认识到这些移情的主题有助于我对病人和他的处境进行定位，有时也使我能够去涵容和解释，而不是用见诸行动的方式去回应他所投射的东西。

分析师被排除在外的感觉与哀伤

我对自己感到被排除在外的时刻特别感兴趣，也特别关注，因为在这种情况下，执行超我角色的压力会变得很大，我很容易变得挑剔和通过站队的方式表达立场。他是否应该为了和朋友在一起聚会而取消一次治疗？他是否应该让他的伴侣搬进来，并让对方来整理他的公寓？他是否应该在这个时候结束他的分析？显然，他有时确实觉得我把自己推得太靠前了，声称他应该把我放在优先于他的伴侣和朋友的位置。同时，我不得不承认，我经常代表着他的原初客体，对他而言，与我的分离经常被认为是一种暴力行为，他认为这种行为会让我感到沮丧、受伤或心如死寂。

在这个时候，他的分析即将结束，让我们惴惴不安，导致了如何处理丧失的艰难处境。为了承认和容忍一个被排除在外的观察者的地位，我不得不放弃我作为病人原初客体的地位。这与我的病人停止分析的实际丧失相吻合。在我看来，在我所报告的两次会谈中，都可以看出情绪向悲伤和丧失感的转变，最后我想说，处理丧失的艰难情境是移情的一个非常重要的部分，而且在分析结束时不可避免地会成为焦点。此外，对于分析师来说，这有时是很难处理的，因为它触动了他自己内心的困难情感。为了能够认识和容忍一个被排除在外的观察者的位置，意味着分析师要放弃作为病人的原初客体的位置，我认为这要求分析师要将自己放在一个不太重要的位置上，这对分析师的自恋是一个打击。如果它恰好与病人停止分析的实际丧失相联系，那么面对哀伤和丧失的需要就会变得更加清晰，并且以直接或间接的形式迫使病人留下来的行动有时可以被避免。当然，我还是会对现在结束分析的决定是否是成熟的心存顾虑，但在我看来，这种疑虑是不可避免的，对允许病人离开或迫使他留下的一些内疚是哀悼过程的一部分。我相信，我在这方面的挣扎帮助我涵容了他的焦虑，也让病人在自己身上经历了这些过程。

斯坦纳（1993，1996a）认为，有意义的心理改变恰恰发生在面对丧失和经历哀悼的过程中。涵容本身是实现这种变化的一个必要阶段，但在我看来，这还不够。当病人因分析工作而感到被理解时，他的焦虑就会得到缓解，涵容就可以被视为成功。然而，即使如此，内化的客体也是包含了自我的投射部分，还没有与自我分开。一个复杂的内在“自体-客体”产生了，自我和客体仍然纠缠在一起。病人可能会感觉好些，他所得到的帮助也是真实的和实质性的，但我相信，如果病人要从客体中重新获得他把自己投射出去的部分，以便它们能够充实自我，被病人自己所拥有，则还需要进一步的努力。实现这样的分离是一个复杂而漫长的过程，但弗洛伊德在1917年写的《哀伤与忧郁》中已经很好地描述了其中的各个阶段。在这里，他描述了在丧亲之痛后，失去一个客体首先会导致对它的认同和对丧失的否认；他接着强调了面对现实的重要性，这就要求个体能够允许自己放弃客体，以使哀悼能够开始直到完成。

在我看来，当我的病人努力理解并解决他在移情过程中出现的对丧失的反应时，至少有一些与哀悼有关的过程正在发生。他可能是冷漠的、拒绝的，并计划进行报复，但他也能够从分析的结构中获得支持，以争取独立。分析的结束可以被认为是具有各种意义的活现。起初，我的病人似乎先入为主地把结束分析看作一种协助自杀，他将被分析师扔出去等死。这是一个抑郁位态，我认为这代表了对他的抑郁的母亲的认同，以及在移情中对一个抑郁的有占有欲的分析师的认同。但他也能找到让自己结束分析的力量，剖腹产的意象表明了一个积极的结果，以及优先考虑自己的生命的能力，当然这也会让他同时体验到一种粗暴的关系决裂和幻想我会感受到的痛苦，以及把我抛弃在退隐、衰老和死亡中。在这个过程中，他既没有被内疚感压垮，也没有被嫉妒的超我压垮。在他的一次会谈中，一个活泼的孩子的画面表明，他也许能够放弃对忧郁的认同，哀悼它的丧失，并重新获得他作为一个有发展能力的孩子的身份。我认为正是在这个过程中，发生了一些对丧失的处理，而一定量的哀悼导致了更大的分离，在这个过程中，什么属于病人，什么属于分析师，将变得更加清晰。

第二部分

无助、权力与支配

第五章 俄狄浦斯情境中的统治地位之争

这一章将论述在俄狄浦斯情境的背景下，精神分析关系中的统治地位之争。一个适当的分析结构反映了病人和分析师所扮演的不同角色，这些角色与病人内心世界中表现出的家庭结构有关。儿童在家庭中的地位由他的大小、力量和成熟度这些现实因素决定，但他对自己在家庭中的角色的主观感觉受幻想影响，尤其会被夸大的自恋幻想或妄想所扭曲，这些幻想往往是经典模式的变体，在孩子的幻想中，他的母亲鼓励他接受她的丈夫的角色，并以这种方式取代他的父亲，我在要报告的案例中会说明这种模式。这就是索福克勒斯戏剧中所表现的原型结构。在剧中，伊俄卡斯忒鼓励俄狄浦斯接受国王和丈夫的地位，不可避免的是，这种类型的幻想导致了一场争夺统治权的斗争，因为父亲会来收回他在家庭中的地位。在这个幻想的原初版本中，这也是幻想和现实之间的斗争，因为孩子的不成熟使他选择扮演的角色无法实现，这个原初版本成了后来所有版本的基础。

与现实的对抗常常同与一个已经被排除在外，并被取代的父亲的对抗相混淆。病人可能会把各种动机归因到戏剧中的人物，其中一些是对自己处境的投射。典型的幻想是母亲崇拜儿子，回归的父亲嫉妒成功的孩子并且试图重新获得他的地位，这就导致了统治权之争。以不同的方式处理这场斗争，就构成了俄狄浦斯情结的各种版本。

在本章中，我认为弗洛伊德所描述的对俄狄浦斯情结的经典解决是一种偏执的解决方案，它导致了一种由怨恨和复仇愿望为主导的精神避难所。我还认为，除此以外，随后还会出现抑郁的症状。在这个版本中，孩子最初在幻想里处于主导地位，一开始这导致孩子在幻想得到了母亲的祝福的情境下战胜父亲，但当他意识到他在幻想里摧毁了父母，胜利的感觉变成了绝望和内疚。如果处于发展阶段的孩子，以及处于分析阶段的病人，能够得到支持从而使他能容忍这种内疚，那么这种支持就可以被用来启动一种走向悔恨和弥补的行动。

尽管在这一章我没有详尽阐述羞耻感和屈辱的作用，但如果我们认识到，倘若存在对羞耻感与屈辱感的过度干预，内疚就不能被充分地处理，那么这一章与本书主题之间的关系就很明显了。权力与支配的冲突总是以赢家或输家的产生而告终，而在经典的解决方案中，通常是以孩子的失败和屈辱作为结果。

我一直觉得奇怪的是，如此重视攻击性和破坏性的精神分析学家却没有以同样的兴趣来研究权力和支配，然而，在人类交往的各个领域，有关权力和支配的斗争似乎经常成为破坏性暴力的来源。在我看来，将它们作为精神分析研究的主题是迫在眉睫的事情。在婴儿早期的发展中（尤其在俄狄浦斯情境下），不难发现这种斗争的根源。在这一章中，我认为它们以个体尝试摆脱原始的受迫害状态为基础，在这种状态下，个体会感觉自己是并且有时候确实会是被虐待和被不公正对待的受害者。

我之前尝试描述过当病人感到受伤和委屈时，怨恨和复仇的愿望是如何产生的（斯坦纳，1996b，和第七章）。通常情况下，起初对公平的需求会变成一种永不满足的仇恨，因为其他动机（比如嫉妒）会被用来制造一种仇恨和复仇的渴望，而这种渴望在一切都被摧毁之前是无法抑制的，这种无法阻挡的破坏性相当可怕，以至于在大多数情况下，约束力量被调动起来，保护客体和自我免受暴力的破坏性影响。因此，复仇的愿望可能会被否定或压抑，最终以委屈的形式表达出来。这种破坏性不是直接表现出来的，而是会受到控制，以间接且隐蔽的方式表达出来。

仇恨的感觉被束缚在一个复杂的精神病理性组织中，受伤和委屈的感受形成了不满的焦点。有时候病人会在幻想中反复想到复仇，但有时候即使是怀有复仇的想法也会危及病人的平衡。然而，这种长期隐藏、通常充满了施虐癖的仇恨极具破坏性，并常常会被接受的客体认为是想要报复，因为暴力受到了抑制，客体受到了伤害但没有被摧毁，报复行为因此被激起，使伤害和报复的循环持续存在。

委屈的一个重要来源是不公平感，它与权力不平等背景下的无助有关。在这种背景下，强者行使权力，弱者必须服从。这种不平等通常出现在俄狄浦斯情境中，它将儿童引入新的现实，这些现实被体验为深刻的震惊，并可能导致儿童深深地感受到伤害、不公正和背叛。这种不平等不是儿童需要他人的自然结果，而是一种残酷的权力行使。

克莱因所设想的俄狄浦斯情境，包括了弗洛伊德在原初情境下所考虑的，即孩子所感知和想象的父母之间的性关系，这种关系的现实性将一个第三客体引入二元关系中，这是一种由很多原因造成的创伤，但尤其容易引发报复，因为它粉碎了母子之间排他性关系的幻想，它往往是先前自恋性的客体关系的基础。这种伤害很大程度上与对家庭结构的意识有关，这种意识建立在权力不平等的基础上，而处于自恋的孩子此前否认了这一点，他发现了生活的真相［莫尼-克尔（Money-Kyrle），1971］，尤其是成人与儿童、男性与女性之间存在的差异。他憎恨这些发现，觉得自己不是承认现实，而是被不公平的权力表现所支配，引起怨恨的不仅仅是成年人对权力的剥削，甚至他们拥有这种权力也被认为是不公平的。

拥有更强权力的成年人，有可能会让脆弱的和具有依赖性的孩子受到剥削和虐待，不管真实情况中父母有多么好心、仁慈、体贴，不公平感都是不可避免的，在发展的早期阶段，当偏执-分裂的位态占主导地位时，幼儿对不公平感的体验可能会变得极端。

当弗洛伊德（1924）表明是父亲将自己的意志强加于家庭结构，似乎正在描述这种偏执-分裂的世界观，他认为父亲不是通过理性和劝说，而是通过以权力为基础的权威，运用阉割的威胁来恐吓孩子。在弗洛伊德的版本中，父亲通过声称与母亲发生性关系是他一个人拥有的权力来建立乱伦障碍，孩子不得不服从，而当他放弃对母亲的索求，并以认同他父亲的方式，寻求家庭以外的性客体时，俄狄浦斯情结就会解体。

在这种情境中，孩子对迫害客体的认同会防止孩子与父亲的公开冲突进而保护家庭，在我看来，这种方案并没有解决俄狄浦斯情结的问题，而是因为不能解决潜在的怨恨和复仇愿望的一种妥协方式。实际上，在这个俄狄浦斯情结的经典版本中，孩子所认同的父亲本身就是一个充满不满，并实行专横的控制的一个形象，对脆弱的孩子而言，其实是一种虐待。如果这个孩子通过认同来解决他的仇恨问题，他反过来会害怕被自己的儿子推翻，并会用他自己曾经遭受过的那种专制权力来对待他们（斯坦纳，1990a，1993）。

弗洛伊德在《图腾与禁忌》（*Totem and Taboo*）中对原始部落的描述中，描绘了下面这样一个原始的俄狄浦斯场景：

> 有一天，被赶出来的兄弟们聚在一起，杀死并吃了他们的父亲，这样父权部落就结束了。因为团结在一起，他们有勇气去做，并且成功地做了他们个人无法做到的事情……这个残暴的原始父亲毫无疑问是所有兄弟敬畏和嫉羡的榜样：在吃了他的过程中，他们完成了对他的认同，每个人都获得了他的一部分力量。作为可能是人类最早的节日的图腾餐，因此会成为一种令人难忘的犯罪行为的纪念并重复进行，这是许多事情的开始——包括社会组织、道德约束和宗教。
>
> （第141页）

我们在这里可以看到一种基于力量和权力的专横，家庭和社会有了一种结构，这种结构可能比无节制的破坏带来的混乱和无序更好，尽管不满会代代相传。俄狄浦斯叙事的这一版本中，儿子们推翻了父亲，却不能摆脱他的影响，因为他们通过吞噬他的方式完成对父亲的认同，以此占有他。

即使在这些原始的情境中，内疚也不会完全缺席：

> 他们［儿子们］憎恨他们的父亲，因为父亲是他们渴求权力和性欲过程中的巨大障碍；但是他们也爱着他，钦佩着他，在他们摆脱了父亲、消除了他们的仇恨并且实现了他们想要认同他的愿望后，一直以来被压抑的情感必然会以悔恨的形式流露出来，这种情况下会出现一种内疚感，与整个群体感受到的悔恨相一致。
>
> （第143页）

在这种情境中，悔恨和内疚感的体验呈现出个体向抑郁位态的转变。在我看来，这可能成为俄狄浦斯冲突的一种抑郁型的解决方案。弗洛伊德自己也认识到，通过对父亲的认同，这种内疚变成了迫害。

> 死去的父亲比活着的父亲更强大……因此他们［儿子们］出于孝顺而产生的内疚感创造了图腾制度的两个基本禁忌，正是因为这种内疚感，这两个禁忌与俄狄浦斯情结中两个被压抑的愿望相符合。
>
> （第143页）

在这里，内疚感只会强化已经被儿子们内化的已故父亲留下的禁令。弗洛伊德认为，通过这些方式，社会建立了一个由原始社会两大禁令，即反对弑父和乱伦所决定的结构。然而当这种结构是通过行使权力而获得的时候，会一直存在一种不公正感，无论权力斗争的结果如何，怨恨和复仇的愿望都会支配着人格。如果父亲比儿子更强大，那儿子会带着怨恨选择屈服。但如果父亲被推翻了，儿子就会受到内疚感的迫害，而被内化的父亲会从内部控制主体。

在这场原始的权力斗争中，妇女没有发挥任何作用，她们只不过是“暴力且善妒的父亲的所有物，这样的父亲把所有的女人都留给自己，并且会在儿子们长大后将他们赶走”。在这种背景下，女性是斗争中的战利品；她们对发生的事情都没有发言权。在之后对俄狄浦斯情结的讨论中，弗洛伊德考虑了没有那么原始的家庭结构，在这种结构中，兄弟起到了较小的作用，母亲、父亲和儿子构成了典型的情境，在这种情境下，是母亲和儿子联合起来，给了儿子推翻父亲的勇气，父亲再一次被象征性地吞噬了，在俄狄浦斯的胜利中被认同，并以获得女性的所有权告终，但在这一次权力的斗争中，母亲扮演着帮凶的角色，仿佛性别之间以及世代之间的冲突和怨恨结合在了一起。这就是《俄狄浦斯王》中的情境，伊俄卡斯忒是俄狄浦斯无意识中的盟友，他们一起享受了杀死拉伊俄斯带来的好处。在这个模型中，母亲激发了孩子的全能并且支持他拥有成人的性能力的幻想，孩子的全能会受到一种现实带来的冲突的威胁，他往往会部分地、暂时地屈服于这种现实，由于他对成年人的认同，权力的斗争延续到了下一代。

如今，原始部落的形象似乎是异想天开，弗洛伊德对专横的父亲的描绘会让当代读者突然想到维多利亚家庭。在这样的家庭中，儿童和妇女容易受到剥削和虐待。尽管如此，我相信弗洛伊德所描述的那种权力斗争仍然是我们获得个体发展的重要组织原则。我认为这是俄狄浦斯情结的迫害版本，它以各种方式得到解决，但在这些方式中，基于怨恨的精神避难所发挥了核心作用。

与此同时，我们有可能找到一种与迫害性情景并存的替代性情景。这种情景也是普遍的，但会产生一个非常不同的内在结构。我认为这是一个对俄狄浦斯情结的抑郁位态的解决方案，就像偏执位态的解决方案一样，它给病人留下了有待解决的重大问题。自相矛盾的是，当病人能够发现反抗父母权威的力量，而不诉诸认同来解决问题时，它就会出现。如果孩子能抵住身份认同带来的诱惑，他就会意识到自己的渺小，会感受到被大人排斥，他必须面对所有与这些情况有关的焦虑。他获得的是与现实的接触，这是痛苦的，但对他的发展非常关键。他的痛苦来自不得不承认他的处境引起了仇恨和复仇的欲望，并且针对的是父母两个人。母亲逐渐被视为拥有自己权力的个体，不再是原始部落中需要争夺的财产，也不再是原初情境中俄狄浦斯式胜利的帮凶；她被认为是善良和挫折的首要来源。无论对哪一种性别的婴儿来说，都是母亲唤醒了爱恨交织的痛苦，这种痛苦表现出了抑郁位态的特征。孩子的痛苦通常与一种被背叛的感觉联系在一起，尤其是当母亲在现实或者幻想中与孩子的乱伦愿望相结合时，他认识到母亲是一个成年人，与父亲存在一种成人关系，在这种情况下，这种认识会使孩子感到深深的绝望。在迫害版本中，指向专横的父亲的仇恨现在指向了父母双方，特别是他们之间的关系。羡慕和嫉妒在孩子正当的不满情绪上增加了恶意，使他的仇恨加剧，这样他的破坏性被认为会攻击一切美好的事物。当这种破坏性在幻想和行动上表现出来时，会导致整个世界已经被毁灭的信念的产生。在这之后，当孩子意识到他已经失去父母时，他会面对悔恨、内疚和绝望的感觉。然而，这时候的内疚感是压抑的，并且会导致孩子悔恨和想要弥补的愿望，它源于爱与杀人冲动的共存，我因而相信克莱因所指的“丧失所爱的客体”，也就是说在这种情境下，孩子意识到自己需要并珍惜他的好客体，但也“意识到自己没有能力保护和维护它们”。（克莱因，1940）

这样的现实会导致绝望和沮丧，如果要面对现实并且继续发展，就必须克服它们。如果病人已经回到一个精神撤退的状态，现在希望出来的话，他就必须面对自己之前一直在逃避的心理现实。当抑郁性焦虑占主导地位时，病人不得不承认他在幻想中利用报复行为攻击并且破坏了他的好客体，使他和他的客体都被彻底摧毁了。只有这样他才能面对重建他的世界的任务，开始漫长而痛苦的努力去弥补并寻求宽恕。当他发现这种行动造成的痛苦和代价太大，或者正如我曾说的，当羞辱达到极限时，病人又会撤回到精神避难所，去寻求一个全能组织的保护。

我讨论的许多观点都已经被罗伊沃尔德预料到了，他写了两篇非常有价值的研究俄狄浦斯情结的文章（罗伊沃尔德，1979，1985）。在我看来，他似乎也在处理类似的问题，当他表明孩子必须在阉割和弑父之间做出选择时，他用直白的措辞对这些问题做了总结。

> 我知道弗洛伊德的主要论点是，俄狄浦斯情结带来的“破坏”是阉割威胁的结果。然而，弑父所造成的毁灭，不过是对用阉割来威胁毁灭孩子的补偿，此外，正如后面会看到的，对情结的压抑和“破坏”之间的区别，远不止面对阉割威胁的两种不同防御形式的区别。这里的问题在于精神分析中内化、升华和客体关系成熟理论的不足。
>
> （罗伊沃尔德，1979，第754页）

我之前在索福克勒斯关于俄狄浦斯的经典戏剧（斯坦纳，1990a，1993）中考察过这一情境。我认为在第一部戏剧的高潮部分，俄狄浦斯勇敢地面对了弑父的真相，但当他发现母亲伊俄卡斯忒的死亡时，他无法承受。从这一刻起他开始闪烁其词，在后来的戏剧《俄狄浦斯在科罗诺斯》（*Oedipus at Colonus*）中，他声称自己是无辜的，并开始精神错乱地否认真相。当俄狄浦斯冲突造成的抑郁无法承受时，他选择了一个万能的解决方案：他认同了专横的父亲，事实上他对待自己儿子的方式就像自己当年遭受的一样残酷。

俄狄浦斯情结的两种版本的共存方式，同偏执-分裂位态与抑郁位态的共存方式相同，个体在发展过程中以及在移情中再次经历时，会在它们之间摇摆不定。病人经常感觉分析师通过专制的权威，将一种结构强加在他们的关系中，而病人会屈服或者反抗。分析师可能会因为自己的原因，感受到来自病人的威胁和压迫。我认为，从我概述的对迫害版本的理解中显露的是，僵局不能靠一方战胜另一方来解决。在任何一种情况下，怨恨和迫害的内疚感都会束缚参与者。理论上，当放弃利用认同的解决方案时，会出现不同的结果，然而这只能以抑郁危机为代价，这对病人来说本身就是难以承受的。再者，决定这种情况是否可以忍受的一个关键因素，是混杂着内疚和沮丧情绪的羞辱的程度。

临床资料

我将从对一名研究生的分析中给出一个简短的报告。他在急性焦虑和抑郁的状态下开始治疗，还伴有严重的强迫性优柔寡断、具体化思维、疑病症和顽固性背痛。他的治疗已经有了一定的进展，并且重新回到了他的研究中，但他发现论文写得很吃力，而且尽管渴望有一个属于自己的地方，他仍然和自己的父母住在一起。

我将要报告的第一次治疗是在暑假前不久发生的，这一时期占主导地位的主题是他发展的失败和无法影响周围事件时产生的无助。由于他害怕独处，他感觉不得不服从父母和老师的要求，不管这些要求多么不合理。最近几周，我的咨询室隔壁的工地施工时一直发出令人不安的噪声，他在来治疗的路上经过工地时会观察施工的进展。

他在周一的治疗一开始说："这是一个艰难的周末，我很难在期中假期之前找回状态，这是一段艰难的旅程。我注意到建筑工作被泥浆拖住了，所以他们不能继续打地基。"随后他停顿了一下，"我想知道，这对分析来说象征着什么？"

过了一个周末，尤其是在休息之前，他对孤独和混乱的感觉非常敏感，目前发展失败的气氛显然符合陷入困境的形象。我很容易对他的困境感到同情，因为这同我自己在与他的工作中陷入困境的感觉相吻合。我注意到，他对建筑工地的评论象征着分析中的一些东西，但我没有完全注意到它的影响，部分原因可能是这种反应太熟悉了。他似乎是在抢先发表评论，意图说明通常他不会费心提及隔壁建筑工地这样无关紧要的事情，但他知道我认为这种观察很重要。后来，当我把它与随后对梦的不屑一顾的评论联系起来时，我更加意识到，他的材料的象征意义的有关议题是我分析工作的基础，但它却受到了质疑，甚至被轻视。

这位病人接着自豪地描述了他如何能够准时到达治疗室，因为他意识到他可以在相反方向的一站上火车，然后赶上开往伦敦的更快的火车。我认为这进一步证明了他的兴奋和胜利，而他的反应则明显更加恼怒。他说："我不知道你在说什么，为什么这是一次胜利呢？你肯定可以看出来我在尽最大的努力，如果我坐慢一点的火车，晚到十分钟会不会更好呢？"这使我们在会谈中表现出更加明显的相互恼火。我补充说，除非他做些什么来重新控制局面，不然他确实会感到非常无助并处于困境中。在会谈中，他觉得我以一种优越的姿态帮助他面对抑郁的现实，这对他来说似乎是非常不想去面对的现实，他采取与我周旋的方式。

我认为可以把这种互动看作权力斗争的一个例子，病人觉得我在试图把他的地位变低。起初，我认为自己通情达理，乐于助人，但我很快就意识到，我可能听起来很高人一等。当愤怒变得更明显时，我觉得我可以更清楚地看到，我们都感觉自己受到攻击，并以一种侵略性的方式保护自己。

在进一步的互动之后，他继续描述了与贝蒂的一次会面，贝蒂是一个知道他在接受分析的朋友，她自己也在接受治疗。贝蒂建议他告诉我一些关于他的梦，她说："他们用梦做的事情真是太神奇了！"然而，这位病人补充说："我自己也不确定梦能带来多大的影响。但我确实做过一个梦，我梦见两个孩子在一大群观众面前一起滑冰。"到这里，我更加确信他的材料的象征意义的有关议题是我工作的基础，并且正在经受质疑。当我试图分析他的梦境时，我发现自己也在演绎梦境中的意象，我觉得他在想象一个像贝蒂这样的人，看着病人和分析师像孩子一样在观众面前做着巧妙的滑步。贝蒂可能认为我们可以用梦做一些令人惊奇的事情，但他显然不相信，他觉得这些只是表演，我觉得我们几近跌倒。

我开始更多地意识到他对我作为分析师的工作产生的敌意，以及我因他的批评而产生的脆弱。随后我意识到，对象征能力的尊重是精神分析的核心，它代表了我与我自己的好客体的关系，而这是他讨厌的，尤其是当他把它视为我进行分析工作的基础时。他也知道这对他来说很难，这让他羡慕我，嫉妒我的人际关系。滑冰，就像聪明的思考一样，暗含着危险和即将跌倒。这似乎代表着他依赖聪明的行动来获得赞赏，来支撑脆弱的自我意识，并掩盖更深、难以接触到的绝望。病人明显认为我们很相似，我们像跳双人舞一样一起滑冰，都想靠巧妙的滑步寻求赞美。他对贝蒂的反应在一定程度上是讽刺的，就像他认为自己对建筑工地工作的评论是有用的。分析师对梦所能做的这些令人惊叹的事情，就像巧妙的单脚尖旋转，而且不需要花多少时间就能把它们表现出来。

进一步的治疗

几个月后，这位病人以一种似乎完全不同的心态开始了周一的会谈。他迟到了十分钟，并解释说他坐的是一辆慢车。由于路上结了冰，他开车去车站的速度变慢了，所以没有赶上快车。他接着描述了他父母举办的一次聚会，他被要求去祝酒，但重要的演讲是别人做的。起初他对他的兄弟扮演重要角色这一事实不屑一顾，他还认为，当父亲把胳膊搭在母亲的肩膀上时，母亲感到很尴尬。会谈的整个过程里，他似乎更缓慢、更深思熟虑，他能够接受他兄弟在聚会上扮演重要角色，甚至他的父亲也以一个新的形象出现，变成了一个成功人士，受到朋友和家人的尊敬。

他更慢、更深思的心境让我可以与他更多地接触，可以说，他父母之间的关系与他所认为的我与精神分析之间的关系有关。我认为他能接受他的父母确实有着一种尽管在他看来可能并不完美的关系。当他意识到对自己的分析有了更温暖的感觉时，一个更强大的父亲的形象出现了，并且他母亲的尴尬似乎与他自己的尴尬联系在一起。然而，我担心他仍然没有能力进行象征性的思考，也没有意识到他能容忍他的客体之间更好的关系，这与他与我之间关系的改善有关。

气氛的变化是短暂的，他说他有了一个新问题，与我开始了下一次会谈。大约一周以前，我提到我将错过一次周一的会谈。他现在告诉我当时我说这个的时候，他立刻想到了他可以去马德里参加一个会议，这个会议的举办日期是星期四到星期六。这让他可以好好休息一下，但也意味着他会错过周五的会谈，所以他没有提到这件事情。现在的问题是在周四的会谈结束后，他的飞机很快就会起飞。

我解释说，他是在逃避与父母有关的情感，我认为这代表了他对分析的看法，和他在分析中的位置的变化。现在他不得不处理因为我取消了周一的会谈而造成的问题。

他描述到，今天早上他起床时，他的姨妈想和他聊天，她问他这么早要去哪里。当他回答说他要去“做分析”时，一开始她以为他是来学习，当他解释说，他是作为病人过去的时候，她很惊讶，不明白他为什么需要做分析。

在我看来，他去马德里的想法似乎与他认为自己是成年人和有能力的人的观点联系在一起，而他的姨妈支持这一观点。当他不得不承认自己是以病人的身份来的时候，他觉得自己渺小而尴尬，而这正是他认为我想要强迫他接受的观点。他自己似乎在这两种观点之间摇摆不定，不知道自己的立场如何。我解释道，当他觉得自己有能力并长大了的时候，自己渺小、需要依赖他人的另一种形象是丢脸的，导致他对分析产生痛苦的感觉。

他说他总是觉得我会像他母亲一样不赞成他的旅行，他接着描述了她对待他兄弟的方式，这使他感到愤怒。这个兄弟在一次严重的手术后和他们住在一起养病，他的母亲不愿意离开这个兄弟太久，他发现他自己很难对他的兄弟产生温暖的感觉，并把他兄弟视为家中的入侵者。面对母亲对兄弟的关心，他反驳道："你没有意识到他已经是个成年人了！"

我想他能理解，他希望我不赞成，是因为他不赞成我把家庭放在首位，因此我周一没有出现，此外，他觉得我不会理解他对舒适和温暖的渴望，反而会嘲笑说这是幼稚的。当他试图以一个成年人的身份来解决这个问题时，他感到非常不安全，好像确信这样做会以灾难告终。我知道他觉得受到了羞辱和嘲笑，但我想，他也会觉得我离开他太久是在小题大做，他努力表现得像个成年人来应对我的长长的周末，却感觉没有得到支持。他抱怨说他的母亲因为他兄弟的病一直开着中央暖气，他去调节温度，而母亲大发雷霆，并提醒他这是她的房子。这一次的会谈以他再次指责我不赞成他去马德里，以及又一次抱怨他的背部疼痛而告终。

讨　论

在与我的大部分互动中，我的病人被一种似乎是为了保持优越感和防止我占上风的斗争所支配。我认为这是一个悲伤、孤独、无助的孩子的防御性斗争，但这并没有帮助我与他建立联系，因为对他来说，这种观点显得我高高在上，是我与他竞争并害怕他成功的表现。这不仅仅是他的幻想或错觉，因为正如我们所见，我们的互动有时确实会导致我采取一种优越的姿态。有时候我们两人都可以明显地观察到我们之间的相互竞争和攻击是如何出现的，并且遗憾地看到病人的需要在交谈过程中被忽视了，有时候这种竞争表现得像一次巧妙的对打和得分，但同时，当我们都感觉自己的身份地位正在被攻击时，这种竞争带有严重的"决一死战"的性质。

我开始把这个过程看作俄狄浦斯情境中权力斗争的一部分，我的病人相信要么是我战胜他，要么是他战胜我，无论哪一种情况都不会导致发展的出现，只能维持现状。如果他觉得自己渺小而依赖别人，他就会觉得我战胜了他，这使他顺从并害怕我的反对，就好像我真的成了一个专制的父亲，用阉割来威胁他。如果他能在谋略上胜过我并取得胜利，那么反过来他似乎又担心他会毁灭我，吞噬我。在这两种情况下，偏执的结果导致了基于对强大的、善妒的、复仇心重的父亲的认同的一种精神撤退，其结果并不是俄狄浦斯式竞争的修通，而会将其转化为一种长期的愤懑状态，这种状态干扰了发展，扼杀了向活泼、好奇和幽默的转变。

每隔一段时间，一种不同的接触就会出现，我认为这代表着一种向抑郁位态过渡的俄狄浦斯冲突的解决方案，但却很难维持。在后来的会谈中，更明显的是，童年的经历使病人接触到了非常困难的感觉。在描述父母的聚会时，他承认父母之间的关系较好，即使远非完美，并且他不得不忍受一个更强大的父亲和一个扮演重要角色的兄弟的画面。

然而这样的接触是短暂的，我说的话或做的事常常唤醒他的竞争意识，让他觉得必须和我扯平。例如，当我去度过一个长周末时，他的反应是立即想到去马德里旅行，然后当他最终在会谈中谈到这件事时，他以强迫性反刍的形式建立了一场想象中的对话，在这段对话中，他感到被我批评了，并不得不为自己辩护。

如果解决了这个问题，他就会感受到更多的支持，就像他的姨妈给予他的，但当他看到母亲照顾兄弟的方式，即担心兄弟，不希望离开太久，并且给兄弟提供病人自己无法得到的温暖时，他会感到沮丧和愤怒。这种情绪再一次无法持续，到会谈结束时，又会回到一个更加偏执的气氛中。

与抑郁情绪的接触似乎被分析师和病人之间的波动打乱，两人都会在认同一个离开孩子太长时间的父母时投射出内疚感，也都会在认同被丢下的孩子时投射出羞耻感与屈辱。我常常找不到走出这种僵局的方法，于是我意识到我需要从能理解我的困境的内部人士那里得到支持：例如我的妻子或我的分析师。他似乎讨厌我和这些人物的关系，部分原因是当他一想到夫妻关系中没有他时，他会不能忍受。与此同时，他觉得我难以接受他的成功，因而如果他感觉自己成长了并且变得有能力时，我就会试图打击他。

值得重复一下导读中提到的观点，虽然大多数关于俄狄浦斯情结的讨论都集中在父子关系上，但母亲和女儿、母亲和儿子、父亲和女儿之间的竞争，以及兄弟姐妹间或丈夫和妻子之间的竞争都同样重要。从根本上来说，尽管年龄和性别不同，这些不同竞争的许多因素仍然是相同的。在所有情况中，无论是年龄、体型、性别或者任何品质上的差异，有时并不被认为是现实中痛苦和自然的一面，而是会引起被剥削感和不公平感。事实上很难做出这样的判断，因为无论是在生活中还是在精神分析中，剥削和虐待都是非常真实的经历，但它们并不是差异存在的组成部分，对发展和创造来说，容忍差异是必要的，但差异也会引发嫉羡，而当这种嫉羡与不公正联系在一起时，其破坏性往往会被放大。

许多病人认为，分析师在试图维持自己的权威性，而他们应该服从于这种权威，这种情况对应于弗洛伊德所说的"阉割情结"，包括孩子和成人之间的竞争。碰巧的是，我的病人公开表达的敌对情绪更多与他的母亲有关，她在家里占主导地位，然而据病人说，她非常崇拜自己的父亲，却瞧不起自己的丈夫，可能是和存在于他母亲心里的外祖父的竞争，而他和他父亲一样，觉得自己同外祖父相比是不利的。

弗洛伊德所描述的阴茎嫉妒是一个不局限于女性病人的问题，在我看来，这似乎涉及一种对男子气概的赞美和高估，以及对这种赞美的渴望。在更深层面上，我认为这是基于对女性特质的嫉羡和贬低，在这些病人身上，女性特质被认为是没有什么价值的。弗洛伊德认为，想要一个孩子是对渴望拥有阴茎的一种补偿，但我认为，今天我们更有可能把对男子气概的崇拜看作对乳房和母亲嫉羡的一种防御，很明显，男性和女性特质都是必要的，只具备一种特质是不够的，但对任何个人来说保持平衡都是困难的。

不过，当弗洛伊德将争夺统治地位的斗争与死本能的运作联系起来时，他似乎指出了这种斗争的一个基本层面，他认为死本能限制了分析中所能达到的目标，就像限制了在生活中所能达到的目标一样。在《可终结与不可终结的分析》中他写道：

> 无论是在治疗还是在人物分析中，我们注意到有两个主题尤为突出，给分析师带来了不寻常的麻烦……这两个［相对应的］主题在女性中是对阴茎的嫉羡，表现为积极争取拥有男性的生殖器；在男性身上表现为与他对另一个男性的消极态度或女性化态度的斗争。这两个主题的共同点很早就被精神分析术语化，作为对阉割情结的一种态度。
>
> （第250页）

他接着引用了费伦齐（Ferenczi，1928）的话，费伦齐对结束一次分析的标准描述如下：

> ……每个男性病人都必须获得一种与医生平等的感觉，作为他克服了对阉割的恐惧的标志；对于女性病人，如果她的神经症被认为完全解决，她一定已经摆脱了她的男性情结，并且必须在情感上没有一丝怨恨地接受她的女性角色的含义。
>
> （弗洛伊德，1937，第251页）

今天，我们大多数人都会赞同女权主义者对这一观点的反对，但我相信弗洛伊德指的是对“抗拒改变”的理解的核心。男性和女性病人都必须找到一种方法来应对阴茎式竞争，以便能够在生活和分析中为自己的权利而斗争。他们还必须面对自己的女性化角色所带来的影响，我认为我们现在可以将其与理解并容忍对乳房和母亲的女性特质的原始嫉羡的需要联系在一起（关于这个问题更详细的讨论见第九章）。如果这种嫉羡太强烈或太可怕，女性病人就不可能发展出能够赢得尊重的女性身份。同样，嫉羡也会阻碍以“作为联结的阴茎”的男性身份的发展，在这种联结中，与一个女性的创造性和修复性关系是可以被容忍的（伯克斯特德-布林，1996）。

弗洛伊德评论说，在他看来，如果费伦齐要求他的病人取得这样的成就，那他的要求未免也太多了。他接着描述了自己的经历：

> 在一个人的分析工作中，没有什么比当一个人试图说服一个女人放弃她对阴茎的渴望（因为这不可能实现），或者试图让一个男人相信对男性的消极态度并不总是意味着阉割（这种态度在生活中的许多关系中是不可缺少的），更让人感到压抑的了，这时候他一再的努力都徒劳无功，他怀疑自己一直在“胡说八道”。
>
> （弗洛伊德，1937，第252页）

这些言论仍然存在争议，因为弗洛伊德似乎和他的病人一样，对男子气概感到钦佩。女性把拥有阴茎这件事理想化当然是荒谬的，但这并不主要是因为它不可实现，这种类型的阴茎被两性个体所渴望，作为一种仰慕的来源来支持自恋的防御，而不是用来实现与客体的连接，以及作为一种修复和创造的工具。此外，在我看来，这种对男子气概的理想化，是建立在对女性特质的否定和贬低的基础上的，事实上，弗洛伊德确实认识到了这种情况，承认并确定其是抗拒改变的最根本基础。他的观点如下：

> 关键在于，阻抗阻碍了任何变化的发生——一切都保持

原状。我们常常有这样的印象：当发现病人存在对阴茎的渴望和对男子气概抗议时，意味着我们已经洞悉了最深层的心理动机，因此我们的分析工作就可以结束了。这可能是正确的，因为对于心理学领域来说，生物学作为基础学科为人类行为和心理现象提供理论依据。否定女性气质无非是一个生物学事实，是性之谜的一部分。

（弗洛伊德，1937，第252—253页）

我不太确定我们正在处理的是否基于生物学视角，但我确实相信，我所描述的那种僵局，源自病人难以接受个体之间存在差异这件事是生活中的一个基本事实。在我看来，根本的障碍可能是难以理解和容忍对女性特质的攻击，因为这是死本能最原始的表达，其形式是对客体的善意的来源的嫉妒。争夺统治权的斗争，通常是男性之间的竞争，在我们与客体的早期关系中，就是以此用来掩盖和表达这种最原初的困难。尽管如此，这场斗争的破坏性影响和由此产生的怨恨是深远的，识别出导致这种防御的因素以及使分析变得艰难的因素非常重要。

第六章 分析会谈中的无助与权力的行使

渴望被关注和感到无助是我们所遭受的最可怕的经历之一，如果没有人听到我们的哭喊、认识到我们的需要并做出回应，我们就会面临被抛弃和迫害的焦虑。这种恐惧与婴儿早期的无助和长期依赖有关，直接表现为需要找到并接触一个可获得的客体。病人需要接触一个能涵容其焦虑的客体，也就是说，能够对病人的情绪做出反应，理解他们，而不仅仅是把他们活现出来。当焦虑程度很高时，病人通过具体层面的投射性认同来表达自己的需要，而在分析中这些具体的投射可能会使客体的涵容变得困难，因为它们唤醒的是见诸行动而不是理解。

因此，涵容总是不完全的，而一旦涵容失败，就会建立起强大的防御，最常见的防御模式是否认自己的需求，代之以一种自恋性的客体关系。病人投射出渴望被关注的、无助的、被剥夺的自我并将其否认以后，开始认同一个父母型的客体，因为这种客体会给他人提供帮助而不是接受帮助。在这个角色中，病人感到有义务照顾一个被忽视、受到责备且渴求得到修复的客体，为此病人经常被迫使用躁狂、全能控制的防御机制来抑制绝望，因此需要被修复。病人表面上在帮助别人，其实是为了修复受伤的自我，这很少成功，且通常不被客体感激。当助人的努力失败时，病人通常会感到不满、沮丧以及愤怒。在我看来，这些情绪与科胡特（1972）所说的自恋暴怒很接近，当自恋性夸大妄想受挫时，自恋暴怒就会产生，这时候病人会感觉到羞辱和屈辱。科胡特指出，病人试图通过重新建立自恋性优越感的方式来抚慰内心的自恋创伤，并恢复自我价值感。

如果病人不能实现一个成功的助人者的形象，他所赖以维持自我平衡的自恋性优越感就会受到威胁，在这种情况下，除了怨恨和愤怒，病人可能无法传达任何东西。而对分析师来说，接受这些情感而不对它们做出回应可能是困难的。也许这就是让约瑟夫如此描述的原因："病人在会谈过程中呈现出的一部分自我，实际上是为了将对获得回应和被接受的需要那部分分裂出去。"（1975，第75页），因为分析师认为触及病人的内在是很重要的，所以他可能会变得沮丧，并被迫采取积极的角色。

病人可能会固执地表现出对于维持理智的助人者这一角色的需要，而导致有关统治权的争夺议题上的冲突。病人觉得他的优越感受到了分析的威胁，如果他被打败了，他就会崩溃，并会重新陷入他一直试图通过自恋来保护自己免受其扰的无助之中。他害怕分析师会从他的手里夺走控制权，并重新获得更高的地位，这样会使他感到羞辱、被不公平对待、被剥削以及感觉到自身的脆弱。有时候会出现这样一种情况：病人和分析师都被迫坚信他们自己必须占据助人者的优越地位，这就导致了权力和支配的斗争。

我们已经认识到自恋关系是如何在移情-反移情互动中活现的［莫尼-克尔，1968，1971；拉克（Racker），1957］，但分析师也许并不总能意识到他自己参与其中的方式，如果他能意识到与病人之间的权力斗争，那么他就可能会在扮演病人防御组织中的角色时发现自己，并采取一种更加涵容的立场。通过这种立场，他可以尝试接收和理解病人无意识的交流。

临床资料

我将尝试用一个病人的临床资料来阐明这些主题。这个病人每周接受五次分析，这是他接受分析第五年的资料。在与他的治疗中，我常常感觉很难触及他的内在体验部分。我想呈现我是如何受到这种意识的驱动而主动尝试接近他的。在这些情况中，是分析师而不是病人有建立联系的欲望，这有时意味着，尽管屡次失败，但我还是会坚持不懈地努力去尝试。我花了一段时间才意识到我的行为很像一个病人。他决心不仅要帮助他的家庭，也要帮助我，但这些努力并没有使我们之间建立起有意义的联系。我感觉我没有触及他想要被理解的部分，后来我也才意识到，是他不能和我建立更深层的关系。

我将描述这似乎占据了分析大部分时间的支配权之争，然后再谈谈一种使我后退一步，并采取更容易接受的立场时的不同的情绪出现的时刻，这些不同的时刻看起来和意识到丧失时的悲伤有关，我认为它们是随着我意识到自己的过度活跃掩盖了内心的无助感而产生的。我发现我一直在和病人全能修复的幻想相勾结，我也一直在努力阻止一场灾难，并让病人恢复理性。这时我才有可能向自己承认，我无法保护病人免受他见诸行动的伤害，我的无助感变成了悲伤。我失去了我的病人，我不得不哀悼，因为我不仅失去了我的病人，而且失去了我的全能感。

关于B先生的背景资料，在此不做赘述。我只想说，他一心追求事业的成功，虽然年近四十，但给人的印象是，他是一个陷入幻想世界的青少年，在这个幻想世界中，成功会给他带来名利，而失败则是他无法想象的。

自从他父亲十年前去世后，他和母亲的关系一直很紧张，他还经常与家人以及同事发生激烈的争吵，他指责他们的虚伪和背叛。他一再夸张地叙述他被误解的可怕情形，以及他对那些不能欣赏他的人的憎恨。他极度渴望得到尊重，失败会让他感到无助和屈辱。他的描述让人很难评价；它们常常显得如此戏剧化和不真实，以至于我觉得有必要保护他，使他免受它们所体现的那种夸大的全能感的影响。与此同时，他修复家庭的计划似乎确实代表了一个重要的事实，那就是他希望自己能照顾他的客体，同时也希望自己能得到照顾。当他帮助他人的努力失败时，他就会有意识地策划复仇，通常表现为通过事业成功获得权力，然后扮演一个仁慈的独裁者的角色。

他对自己与家庭成员的互动的描述十分夸张，这与他对分析及其背景的反应缺失形成了鲜明的对比。他没有提到其他病人、门铃声、他的电话铃声或者日常事件，我认为他会对我说的话、我的周末或休息时间、我的错误或行为做出反应，因为我确信这些一定影响到了他，但他对我的这种想法感到非常惊讶。

最令人沮丧的是，他显然无法理解和回应我的解释。他坚持说，如果我的评论对他要有任何用处的话，就必须对他有实质性的帮助，他说当我指出一些事情时，他理解我的意思，但他根本没有感觉。他对关于休假时间的解释尤其不耐烦，他说这让他松了一口气，因为这样他就不必来参加分析了。他和母亲糟糕的关系占据了他的全部精力，与这件事所造成的痛苦相比，我的工作似乎没有什么意义。

在我看来，我无法触及他身上更需要被关注，或可能需要被回应和被接受的那部分，他似乎也无法与我交流他的情感。他表现得好像只有认同一个强大但不可靠且不可获得的内在形象，才能避免依赖别人，从而生存下去。

治疗一：努力成为助人者

在休假前不久，他开始了一次会谈，其间他跟我说，我们都清楚既然他的愤怒如此反复无常，那再细说也没有意义。然后，他讲述了一次他和母亲在吃早餐时发生的争吵。在那次争吵中，母亲把他当作一个小男孩，抱怨他的行为，说他在家里从来都帮不上忙，总是忙于工作，并开始相信他的工作不会有什么成果。她列举出了一长串他的缺点，而他以自己惯常的方式说他认同来自母亲的批评，他说他知道她是对的，但是他简直气得要命。

他说这一次情况比以往任何时候都更糟糕，他充满了暴力的想法，甚至想到自杀。他不知道自己为什么待在家里，也许是出于胆怯，也许是出于恶意。会谈的前半个小时就是这样进行的，尽管我认为我本想把他的反应看成是装腔作势，但我认为他也想让我意识到有可怕的事情正在发生，而他无力阻止。

我解释说，他似乎被困在某种他无法忍受但又无法摆脱的东西里。他忽视了我的解释，继续引述了一段更加沮丧和无情的对话，对方告诉他，他应该收拾好自己的烂摊子，不要再任性了。我指出，他希望我选择一边，或者和他的妈妈一起谴责他，或者在他对他妈妈的愤怒中支持他。他又一次不理会我，自顾自地说，他只想去死。他想让他母亲明白她在逼他自杀，当她拒绝承认他是谁时，他想在厨房里拿起一把刀。随后，他以一种稍有不同的语气说，他尝试过用其他事情分散自己的注意力。他确实照顾了他两岁的外甥一下午，这让他感觉好了很多，但这并没有持续多久。

我解释道，他想让我认识到他还有其他的感受，而这些感受在早些时候我们不得不忍受的嘈杂的争吵中是意识不到的，现在在他看来，我似乎没有那么沮丧，也更有能力照顾他。他停顿了一下，似乎在听我说话了，但过了几分钟，他又继续绘声绘色地描述对他遭受的攻击和他对其愤怒的回应。我想我已经让他明白了我的意思，我解释说，他也许不仅是愤怒，还因为这些美好的情感没有持续下去而心烦意乱，他也无能为力。我告诉他，他很清楚再过几天我就要休假了，所以他在急于想办法给我留下印象。但是，我想他不会相信我可以面对离开他这件事，因为这意味着我没有听到并相信他的痛苦。

他挑衅地拒绝了我的解释。他讽刺地说，如果我能告诉他在这种危机情况中应该做什么，也许会有帮助。但他补充说，他知道这是徒劳的，因为我从不给建议。我的解释是，他其实是在表达无法忍受我现在还出现在他面前，却马上要离开他。他回应说他太蠢了，他竟然告诉母亲他觉得自己被忽视了，当然他最终得到的是母亲的指责，这向他证明为自己着想是浪费时间。我认为他是在表达一种认为所有人都是自私的观点，认为我不能或不愿意回应他的需求。当他觉得被理解时，他感到了些许宽慰，但他无法避免怀疑我的关心是一种伪装和挑衅。

对治疗一的讨论

病人的愤怒和我对其愤怒的反应都很熟悉。当他全神贯注于他的争吵时，他不可能说出任何话来触及他渴望被关注的那部分自我，尽管这一部分的自我难以触及，但是它始终以一种引人注目的方式存在着。我对此的反移情是不断地感到沮丧并充满压力，要么认为他夸大其词，要么责怪他小题大做并且拒绝我所有的努力。

在对这位病人的大部分分析中，我都受到了类似的暴力和残忍的指控，这些指控让他感到愤怒和绝望。也许部分是因为它们戏剧化的特点，我从未完全相信这些叙述，我认为在争吵的背后有一种可怕的痛苦和绝望，这似乎是一种无法忍受的东西，病人感觉受困其中而无法逃脱。如果我对这些争吵信以为真，我就会需要进行干预并表明立场，这让我承受着压力，因为这就好像我要么保护孩子不受专横的母亲的伤害，要么保护母亲不受无理的孩子的伤害。

我被激怒了，不是因为感觉受到了攻击，而是因为在我看来他的应对方式是徒劳的。我觉得我必须去观看一个施虐-受虐的情境，然后发现自己正处于一个父亲的位置，目睹了一些不公正和残酷的事情，而我本应该能够阻止这些事情的发生，尽管经验告诉我，我没有能力这样做。我的解释中不可避免地夹杂着一些批评，这暗示了一个信息：他的行为应该更理智一些。有时候我在想，我暗示了他可以更勇敢地面对他的母亲，而且也许他早就应该离开家了。有时候这种戏剧化的描述暗示我，他并未达到他想让我相信的那种绝望程度。我试图避免这种暗示，但我想我被引向了一个解释性的权威位置（约瑟夫，2003；斯坦纳，2006a），即本意是要帮助别人，却不可避免地以一种优越的姿态去提供帮助。

把他的愤怒与即将到来的假期联系起来只会让他更加生气。我尝试表明，把他留在这可怕的愤怒中反映出的是我的无能，但我想这只会让他觉得我应该能为此做点什么，并导致他讽刺地跟我说，我至少应该告诉他在他所处的危机中应该做些什么。他只接受具体的帮助，理解对他毫无用处，这让我感觉很恼火，这种对分析的基础的拒绝让我难以接受，我想这激起了我进一步的行动。

当他谈到外甥时，他的愤怒似乎减弱了，我可以将此解释为他更愿意让我照顾他。然而，这种放松是短暂的：他觉得我和他的关系就像我和小孩子的关系，这很快让他觉得他自恋性的全能感受到了威胁。他觉得我是站在一个即将把他留在一种无助状态的成年人的立场上对他说话，这又使他产生了难以忍受的屈辱感。

治疗二：对丧失的回应

我们的谈话间或夹杂着愤怒，而我偶尔似乎能够触及他的内心。他所在的公司正处于困难时期，他的同事被裁掉了。他还计划着其他的选择，包括自己创业，他乐观地坚信他的某个计划会把危机变成胜利。然而他开始厌倦了这种反复的起起落落，他渴望更稳定、更安全的生活状态。

有一天，他在会谈开始时解释说，尽管目前的形势相当严峻，但似乎可能会有另一家公司来开发他一直在努力推动的计划，否则这个团队将不得不解散。尽管这将是一个可怕的损失，但看起来他将得到公平的补偿，这意味着一大笔钱，那么这也不会是世界末日。他的母亲会感到高兴，但令他惊讶的是，他曾与这家公司的领导发生过激烈的争吵，然而与它的关系结束时，他感到非常沮丧。他很难想象其他公司也能这么好，他曾经给一家以欧洲为中心的公司做过报告，但他们不想要一个伦敦团队，这意味着他们会付清他工资然后把他打发走。他尽量不把它当成是针对他个人的，但当他们简单明了地把这件事说出来时，他很难控制自己不去这么想。

我解释道，他似乎对自己能够感到不安和不悦这件事感到惊讶，他也承认自己感情的深度令他惊讶。然后他的母亲告诉他，他的姐姐及其家庭正在考虑搬离伦敦，这让他深受影响，因为他会特别想念他的外甥。我再次评价说他表达悲伤和失落的方式是多么不寻常。他接着补充说，他最好的朋友J的婚姻遇到了困难，可能会移居海外。

然后他描述了一个想象的场景，他可能会用一笔钱帮助他的姐姐找到一个公寓，但他不知道这是否正确。他不应该比她的丈夫强，给他们一家人安排住所是他的职责。你得让人们做他们想做的事。如果他被邀请去欧洲，当然还有另一种可能性，但那不太可能，因为有点不切实际。

我的解释是，他想知道我是否会对他可能会搬走并停止分析的想法感到不安。我会看到他需要摆脱对我的依赖，才能成为他自己家庭的主人吗？但这意味着我必须面对失去他的局面。

他说“是的”。他感觉他的不快乐与某些特别的人的丧失有关，父母的命运就是失去他们的孩子，这样下一代才能有自己的生活。接到他姐姐打来的电话之前，他们度过了一段快乐的时光，他的外甥是个很有趣的男孩，甚至已经会说几个生词了。我解释说，虽然他感到悲伤和不高兴，但我现在已经能听到并理解他说的一些话了。

他讲了另一个关于一次会议的故事，在那次会议上他开了一个玩笑来掩饰他不得不和公司董事长告别时的悲伤，这个董事长似乎很喜欢他。当时董事长笑了，但病人觉得他们都意识到这可能是结束了。

我指出，他已经意识到他让一些悲伤进入了会谈，这与失去了董事长有关。也和我即将到来的假期产生了共鸣。他反复说，我总是谈论到他失去我就像是失去了父亲，他想象不到我对失去他会有什么样的感受。我解释说，他确实希望我放他走，并想象我可能会为他的进步感到高兴，但也会为失去他而难过。尽管他继续把我当作一个漠不关心的父亲，但总的来说这次会谈的气氛与上面提到的前一次非常不同，特别是他似乎更能表达自己的悲伤，并认识到我们都需要面对失去的痛苦。

对治疗二的讨论

在这次会谈中，病人意识到他的修复性尝试可能会失败，随之而来的是悲伤和丧失，而不是迫害和愤怒。他会考虑失业的可能性，而他想到的疯狂的解决方案似乎无法令人信服。他认识到即使他有钱，他也不能代替姐姐的丈夫照顾她。虽然他认为，如果公司一次性给他一笔钱，他的母亲会很高兴，但我想他知道，这不会让她对他刮目相看。他有可能会加入一家新公司，但他意识到自己会想念老公司，甚至会发现新公司可能不需要他。想到姐姐可能要搬走，他也感到难过，他觉得自己会想念外甥。

在这种情绪下，他似乎能够倾听并回应我的解释，即我将为失去他而难过，随后他意识到他的侄子学了一些新词。我可以理解为，他也会带来一些新的感情并且也许可以用言语表达出来，会谈以他与即将失去的公司董事长告别的悲伤想法结束。

我认为，我的过度活跃的减少有助于病人情绪的改变，使他感觉我更容易接受他的情绪，也更欣赏他的“新词”。一种更抑郁的情绪会引发对丧失的容忍和哀悼，这就提高了削弱全能的可能性，并会实现新的、更现实的发展。当然，与悲伤的接触是短暂的，随后又会重新开始支配权的斗争，但是我认为它的强度在每一次的重复后都会减弱，同时，有一种感觉越来越强烈，即未来可以逐渐恢复与丧失体验有关的接触。

综合讨论

就像我在治疗二中描述的一样，我们并不总是清楚是什么导致了情绪的变化，但通常它是在认识到我们之间发展出的权力斗争之后出现的。有时候，我无法接近病人并没有导致我的过度活跃，但是会导致我产生一种徒劳的感觉，这种感觉允许我后退一步，更容易接受他的处境。一旦我接受了自己的无能为力，我似乎更加能够考虑周到。

我也得到了各种理论解释的帮助，接下来我会简要地概述这部分，我发现它们可以帮助我适应整体的临床情况。

自恋性客体关系

投射性认同和内摄性认同以复杂的方式结合在一起，建立了一种自恋性的客体关系（科胡特，1971，1972；罗森菲尔德，1964，1971a）。然而自从弗洛伊德在其关于自恋的论文（1914a）中提出这个概念，甚至在更早的时候（1910），当他概述莱奥纳多·达·芬奇的自恋客体关系时，它的基本范式就已经被理解了。

弗洛伊德描述了莱奥纳多如何以一种自恋的方式照顾他画室里学生的物质需求，像他希望他母亲爱他那样去爱他们。

> ……孩子对母亲的爱不能继续有意识地发展下去；它会屈服于压抑。男孩压抑了他对母亲的爱：他把自己放在母亲的位置上，让自己认同她，并把自己作为榜样来选择他所爱的新客体……正如我们所说，他在自恋的道路上找到了他所爱的客体……
>
> （弗洛伊德，1910，第100页）

很明显这涉及了多种认同，就莱奥纳多的个案来说，自我的婴儿期部分被否认、被投射并被学生认同，而自我的其他部分被视为与母亲认同。换句话说，莱奥纳多将自己无助、渴望被关注的部分投射到学生身上，并且认同自己的母亲，他扮演着一个慈母的角色，避免自己出现无助感。自恋性助人很少会成功，因为客体真正的需要被忽略了，它还涉及一种具体的思维方式，在这种思维方式中，客体必须得到助人者眼里的实质性的帮助，因此通常需要的是全能的幻想，而不是真正的修复。弗洛伊德认识到，莱奥纳多想要帮助别人的努力实际上是一种剥削，因为他的学生没能发展成艺术家。

> 人们一直强调，他只接受非常英俊的男孩和青少年做他的学生，他对他们亲切、体贴，照顾他们，当他们生病时像一个母亲细心照看她的孩子一样亲自照看他们，就像他自己的母亲可能会那样对待他一样。因为他只看重他们的容貌，而非他们的才华……因此他们谁也没有成为伟大的艺术家。一般而言，他们未能从莱奥纳多那里获得独立，在他去世后便销声匿迹，并未在艺术史上留下任何清晰的印记。
>
> （弗洛伊德，1910a，第102页）

在我看来，很明显我的病人想要帮助别人的意图也是这种性质的，我之所以很难接近他，就是因为他需要否认自己的一些本质的部分。

权力、无助与涵容

自恋病人不能容忍别人认为自己弱小、不成熟、软弱、没有条理，因为他相信处于这种状态意味着他将是无助的。他无法引起别人的关心和注意，因为他对一个正常的婴儿能采取的吸引父母注意自己需要的方法缺乏信心。做到这一点的能力，一方面取决于孩子使用投射性认同进入母亲的思维，以引起对他的需要的注意，另一方面取决于母亲对他的投射充分接收和做出回应的能力。

任何观察过婴儿的人都会对微笑和哭泣对他人产生的巨大影响印象深刻。如果这些天生的能力无法找到一个可以接受的客体来涵容它们，就会出现更多全能的方法，这会导致自恋性的客体关系的发展。

在这种情况下，分析师面临的挑战是，如何避免婴儿早期的情况再次出现，并要保持接受性以提供一种涵容的体验（比昂，1962）。

对屈辱的恐惧

我总是意识到病人对屈辱的恐惧，这一点我在以前的论文（斯坦纳，2003，2006b）中研究过。在阅读施雷伯的回忆录以及弗洛伊德基于这些回忆录写的论文（1911b）时，我被施雷伯对自己所受羞辱的生动描述所打动。施雷伯最开始感觉自己受到了迫害，他被变成了一个女人，方便别人以性虐待的方式羞辱他，随后当他感到束手无策时，他就被遗弃了："……被简单粗暴地抛弃，换句话说，任其腐烂……主要目的是想离开我，也就是抛弃我。"（施雷伯，1903，第63页）

这些思考让我意识到病人是多么害怕他的事业失败会导致他自恋的优越感崩溃，受到屈辱后被抛弃的画面在他的脑海中清晰地浮现出来，并生动地传达给了我。为了避免这样的命运，行使权力就变成了生死攸关的问题。

掌握欲力

弗洛伊德也提及了一种行使权力的特定驱力的构思，但没有发展它。他把它称为掌握欲力（Bemächtigungstrieb），并应用于他对自己孙子跟缠线轴玩的"去／来游戏"（fort-da）的理解中。他似乎不愿意发展掌握欲力的观点，也许是因为它太接近阿德勒的一些观点，比如争取权力和对男性的反抗，他不赞成这些观点，尽管他后来对它们表现出了一些兴趣（怀特，2010）。他把"去／来游戏"看作孩子想要控制母亲来去的一个例子，这在游戏中得到了体现。但是弗洛伊德清楚地认识到，在行使权力的欲望中，存在着更深、更险恶的动机，导致了游戏的重复性，他还提出，这种动机是死本能发挥作用的证据。

掌握欲力被斯特拉奇误解为“掌控”，除了一些法国分析师的有趣研究外，它在很大程度上被忽略了［丹尼斯（Denis），1997；多雷（Dorey），1986；拉普朗什和彭塔力斯（Laplanche & Pontalis），1973］，他们在“控制驱动”（Emprise）的标题下对它进行了研究。这个翻译吸取了德语术语所暗示的侵略性支配和控制，而法语则强调了可以从权力的行使中获得的施虐快感。

我们可以不引用掌握欲力而研究不同标题下相似的临床现象，但我相信，如果我们关注权力行使的方式，就能获得新的视角。例如，它使我们认识到，相对的权力导致统治等级的划分，从而在家庭以及随后的社会中建立一种等级制度。当这种制度被认为是合适和现实的时候，它提供了一种确保稳定与安全的结构；但当权力被篡夺或滥用时，它可能会引起怨恨和报复的愿望。即使滥用权力的情况很少，争夺支配权的斗争也常常会影响家庭关系，并可能导致涉及胜利或羞辱的对抗。

我认为我的病人渴望一个稳定的家庭结构，在其中他可以感到安全并得到发展。然而，为了构建这个体系，必须放弃自恋的系统，他需要学会忍受三角形的家庭结构（布里顿，1989）。

俄狄浦斯情结的偏执后果

关于支配权的斗争也让人想起弗洛伊德（1924）对俄狄浦斯情结的结果的描述，父亲通过在家庭中强加一种体系来应对俄狄浦斯的反抗，孩子在阉割的威胁下屈服于这种结构。孩子的自恋被父亲更强的统治地位所压制，这让孩子感到羞辱、怨恨，并希望实施报复。我想俄狄浦斯情结的这个偏执型的解决方案（伯克斯特德-布林，1998；斯坦纳，1996，1996a，1999）在我跟病人的工作中活现了，它并没有导致俄狄浦斯情结的解决，而是导致了一种僵局，在这种僵局中，病人心怀怨恨并且计划报复我。

俄狄浦斯冲突的抑郁结果与体验丧失的能力

在俄狄浦斯情结的偏执解决方案中，还存在另一种情况，在这种情况下，无助与失败、羞辱的联系较少，而与我们无力阻止或逆转的失落感联系更多。俄狄浦斯幻想的抑郁结果包括承认伤害已经造成，引起内疚、悔恨和绝望的感觉，这些不得不被痛苦地解决。例如，我的病人觉得他周围都是需要帮助的、受损的客体，他们责备他没有把事情做好。这些感觉太痛苦了以至于无法容忍，因此他被迫采用一个更偏执的立场。然而，当失去的感觉是持续的，无论如何短暂，都会开始走向对失去的客体的哀悼。这时开始出现一些时刻，他能够面对自己和分析师的无助，并且开始允许自己以更少的全能形式去完成修复。

俄狄浦斯情境中的偏执和抑郁结果都会引起强烈的焦虑和痛苦，偏执型的解决方案导致了个体撤退到怨恨、不满以及同统治权威的权力斗争中。另一方面，抑郁型的解决方案导致了对无助的觉知和对未知的恐惧。

在我的第二次会谈报告中，我的病人有更多抑郁的感觉。他更多地跟丧失感联系起来了，这些没有导致通常的恐慌和愤怒，而是使他能够表达悲伤和遗憾。丧失包括有关分析结束的想法，这里我认为他想知道我是否重视他，并且会想象我是否会怀念他。然而，首先我不得不接受我们的工作所取得的成就的局限性。在这些会谈中，分析的结束并没有被看作一个胜利，而是共同的悲伤。他认为我就像他公司的董事长，失去我会让他伤心。约瑟夫所描述的是，病人更渴望被关注、被回应性和被接受的那部分自我通常被分离出来，投射到分析师身上，变得至少可以暂时被触及。

第七章 俄狄浦斯情境中的复仇与怨恨

在第五章中讨论的争夺支配权的斗争，可能会导致一种基于怨恨和不满的精神撤退的形式。我将试图呈现当暴力冲动（特别是复仇冲动）被阻止表达时，怨恨是如何形成以及滋长的。怨恨会导致僵局，以致分析师和病人都很难从中得到解脱。本章讨论了一个说明这种僵局的临床案例。我将摘录罗伯特·路易斯·史蒂文森的《绑架》来说明有时候怨恨会以某些方式被放弃，并代之以宽恕。

最近人们对怨恨和不满的问题非常感兴趣，在考虑维持怨恨的方式和它持续存在的防御性理由时，我们已经理解了它是如何被不惜一切代价地维持下去的，也理解了分析师是如何被视为一种威胁，因为他被认为会从病人身上夺走一些宝贵的东西。成瘾的品质和反常的满足往往增加了不满对人格的控制，与此同时，病人开始担心放弃自己的不满会导致崩溃和灾难，这似乎提供了一种整合感和保护，以防止自己崩溃（费尔德曼，2008，2009）。斯皮利厄斯（1993）的著作中有一个关于不满的观点，她描述了所谓的“不悔的嫉羡”——也就是说，嫉妒会导致被认为是正当的仇恨，而不会导致后悔或内疚。她把这种类型的嫉妒与不满联系在一起，后者也有这种不悔的品质。

我个人关注的是，当病人感到受伤或受委屈时，怨恨和复仇愿望之间的关系。我的观点是，当这种伤害被认为是不公平的时候，就会引起一种复仇的愿望，这种愿望伴随着极端的仇恨和破坏性。正因为如此，病人认为在行动中尝试公开和直接的报复太危险了，相反，他的破坏性是受控的，并以间接的，往往是隐藏的方式表达出来。

我之前在介绍“精神撤退”现象的时候描述过这种情境，而且撤退保护病人免受公开攻击他的客体而造成的危险，这样，他的仇恨被束缚在一个复杂的组织中，而受伤和委屈的感觉形成了不满的焦点。有时候，他幻想着复仇，但有时即便只是有这种想法也会威胁到他保持正义的需要。尽管如此，他内心深处的仇恨，往往弥漫着施虐的情绪，极具破坏性，而受仇恨影响的人往往会感到来自病人的报复。这些情绪还会引发报复行为，使伤害和报复的循环持续存在。简而言之，我认为当病人无法接受复仇时候，它就会转化为不满，并形成精神撤退的焦点。

首先，我将考虑复仇的一些特征，这些特征有助于我们将它与其他情况下可能出现的敌意和破坏性区分开来。其中一个突出的特点是正义感、责任感和对事业的献身精神，同时伴随着对复仇的追求，甚至在那些似乎被仇恨吞噬的人身上也有所体现。当病人觉得自己是被不公平对待的受害者时，他就没有了焦虑和内疚，用斯皮利厄斯的话来说，他不会觉得后悔，而且会用各种方式证明自己的仇恨是正当的，事实上，这常常被视为他觉得有义务承担的责任。

通过追溯寻求复仇的方式，有时可以发现这是作为对正义的需要而开始的，但之后似乎被一种贪得无厌的、更恶毒的破坏性所取代。海因里希·冯·克莱斯特（Heinrich von Kleist）的短篇小说《马贩子科尔哈斯》（*Michael Kohlhaas*，1978）就提供了一个例子，这本书改编自一个真实的事件，讲述了16世纪时，一个名叫迈克尔·科尔哈斯的马贩子，当他通过男爵的土地时，因为拒绝向男爵支付非法通行税，而卷入了一起事故。男爵扣了他的两匹马，他去找当地官方机构交涉此事。由于腐败，他被剥夺了正义。当他回去时，他发现他的马没能得到照顾，他的马夫遭遇了虐待。在寻求赔偿的过程中，他毁掉了自己的生意和婚姻，烧毁了男爵的城堡，杀害了城堡里无辜的居民，并发动了一场叛乱，使这个国家的大部分土地变为废墟。他最终因过分和非法的报复而被处决，尽管他最初的要求是正当的。他原本的动机似乎是基于对正义的尊重，但却被一种永远无法满足的破坏性所取代，这不亚于死本能的表现。

尽管复仇最初可能与对正义的追求相联系，但这种行为本身往往揭示出它是如何被基于嫉妒的动机所取代的，而这种动机在自我和客体完全毁灭之前不会得到满足。只要病人有这种意识，就可以理解为什么他想要避免在一段客体关系中活现这样的复仇。

因此，复仇的愿望是复杂的，通常一开始病人是想要维护好客体以及与其的关系。当孩子觉得自己的好客体背叛了他时，就会在好冲动和坏冲动的结果之间产生令其痛苦的混淆。在这些情况下，病人对他的原初客体的依恋是由一个深刻的分离维持的，在这个分离中，客体被理想化了，对它的爱和忠诚要求病人把所有的恶意都投射到迫害者身上。当病人的自我、好客体或他们之间的关系受到伤害时，似乎是好客体要求报复，病人觉得有义务做出回应，以恢复和维持他们之间失去的理想化关系。当分析师没有支持这种观点时，他就威胁到了病人的这种理想的关系，就会被认为是一个不能被原谅的坏客体。复仇是宽恕的对立面，病人坚持认为，除非坏客体被迫认罪并为所造成的伤害赎罪，否则客体无法摆脱困境。

当病人心怀怨恨时，复仇会在幻想中反复上演，有时是有意识的，但正如我所说的那样，它往往是无意识的。无论在哪种情况下，它都被阻止公开表达，甚至在幻想中它也有一种不现实的特性，这是典型的精神撤退，从而避免了对客体直接和猛烈的攻击，但却因此产生了一个强大的僵局。在这个僵局中，发展受到了阻碍，破坏性也被否定。布里顿（1995）将这些复仇幻想描述为无关紧要的，我之前曾将它们与弗洛伊德的恋物癖形成机制联系起来，即复仇幻想和对其破坏性的否定是同时存在的（斯坦纳，1993）。

怨恨的另一个特点是与极度强烈的不公平感有关，当客体没有按照病人认为他应该的方式表现时，这种感觉就会产生。这种类型的失望通常是在俄狄浦斯情境中遭受的，它将孩子引入新的现实，在其中，孩子体验到了深刻的震惊，并可能导致深深的伤害、不公正和背叛的感觉。

克莱因所设想的俄狄浦斯情境，包括了弗洛伊德在原始情境中所考虑的内容——即孩子所感知到和想象出的父母之间的性关系。正是这种关系的现实，将第三客体引入了二元互动的关系中。这是由很多原因造成的创伤，但它引发了报复的想法，因为它打破了母亲和孩子之间的排他性关系的假设，而这种排他性关系往往是先前的自恋性客体关系的基础。情境的失败和来自精神失常的成年人的创伤性侵入，显然在决定创伤程度方面起着至关重要的作用，但情境本身不可避免地会产生受伤害和不公正的感觉。

这些创伤既表现为对自我的伤害，也表现为对理想化的好客体的攻击——首先是母亲，她被认为是在违背自己意愿的情况下被绑架的，因此恋母的孩子觉得他必须保护他的母亲不受坏客体的迫害，任何对这一观点的挑战都威胁着对母亲近乎妄想的占有，并且被认为是一种攻击。对父母之间关系的心理现实的认知被认为是对全能的打击，这相当于来自受嫉妒和仇恨驱动的恶毒、强大的父亲的阉割威胁。正如弗洛伊德（1924）所描述的那样，这种阉割威胁可能会导致俄狄浦斯情结的瓦解，但它们留下了一种深深的不公和侵犯感，进而激发了复仇愿望。因为父亲无情的权威，孩子感觉自己要被迫放弃与母亲乱伦的愿望，但他不承认这种要求的正当性，虽然他可以改变他的性欲，抑制他的仇恨和报复，但他留下了不满的感觉，这使他期待一次可以实施复仇的机会，以实现他被否定的俄狄浦斯式的满足。

弗洛伊德描述了孩子是如何通过认同受虐者来找到解决方法的，这在索福克勒斯的《俄狄浦斯在科罗诺斯》中也得到了很好的说明，在这本书中，俄狄浦斯虐待他的儿子们，就像他的父亲虐待他一样（斯坦纳，1990a，1993）。在我看来，这种认同往往代表着对最初的迫害者的一种变相的不满。

如果受到原初客体一段时期的诱惑，随之而来的是更加令人痛苦的不公正感，因为原初客体可能已经串通起来，形成了这样一种信念，即母亲和孩子都渴望俄狄浦斯式的亲密关系。当这种幻想破灭时，孩子会觉得自己的承诺被打破了，所以他不仅感到委屈，而且被背叛了。在这一点上，对正义的要求往往会转变为对复仇的渴望。当孩子相信他的母亲在他经历的背叛中只扮演了被动的角色时，她可以继续被爱和被渴望，而当父母被视为孩子经历的背叛的帮凶时，他们都成了仇恨和嫉羡的客体。

在这种情境中，自我欺骗是很难避免的。正义感很容易转化为自以为是的正义，因为最初的分离需要通过将坏的情感（特别是内疚感）投射到第三客体来得到强化。通过这种方式，母亲的背叛被否定了，孩子会重新建立这样的信念：母亲会发现自己的错误，然后回到他们之间的理想化关系中。正如我在第五章所讨论的，我相信这种试图以偏执型的方案处理俄狄浦斯冲突是普遍的，并会导致一种基于不满的精神撤退。与此同时，在我看来，除了这种类型的解决方案，还存在一种很常见的替代方案，如果病人能够从精神避难所中走出来，那么这将会对他们的成长和发展起到很大的推动作用。有人可能称之为俄狄浦斯冲突的抑郁型解决方案，它也给病人留下了需要协商的重大问题。矛盾的是，当病人能够找到反抗父母权威的力量，并实现他的复仇愿望时，它就会出现。既出现在幻想中，也会以一种缓和的形式出现在他的实际关系中，特别是在移情中。为了能够做到这一点，他必须从精神避难所中走出来，而且当他的客体从他的幻想以及行动中现身时，他必须面对他对他们的感情。

如果在幻想中，孩子没有被强大的父亲打败，而是成功地挑战了父亲，他就会意识到他也恨背叛他的母亲，而且这种攻击是针对父母双方的，特别是针对他们之间的关系。最糟糕的是，攻击是由嫉羡驱使的，它会指向生活中的事实所体现的一切差异。

当病人能够从由非现实支配的精神避难所中走出来时，他就与外部现实和心理现实都建立了联系。如果他能获得幻想的心理现实中的信念，他就能认真对待幻想中发生的事。有一段时间，病人会把幻想当作实际发生过的事情来体验，甚至在他发现梦或幻想并没有在现实中发生之后，仍然会保留一些对这些幻想的认知残留，而结果是病人能够确信他的愿望的真实性。一种抑郁的感觉可能会随着一个涉及毁灭的梦而来，然后病人就会认真对待主体的信念：由于他的仇恨，他的整个世界已经被毁灭了。尽管他的复仇是在幻想中进行的，但这种幻想的结果确实影响了现实世界中的客体关系。个体必须面对我们所认为的抑郁位态，特别是当我们面对丧失所爱的客体时所出现的情况："当自我完全认同其好的内在客体，同时意识到，自己没有能力保护和维持这些客体免受迫害性内在客体和本我的伤害。"（克莱因，1935，第148页）

面对这种情境时，个体会充满绝望，并陷入抑郁的深渊。如果要面对现实和继续发展，他就必须克服这种抑郁。我们不清楚是什么使这种精神上的痛苦能够被容忍，但是当病人面对一种基于怨恨而产生的精神撤退所代表的僵局时，由于病人试图协商出一个替代方案，一个两难的移情情境就会出现。如果他从精神避难所中走出并面对当前的心理现实，他必须承认，在幻想中，他以复仇的行为攻击并摧毁了他的好客体，使他和他的好客体被摧毁。他必须承认这一点，然后才能面对重建他的世界、进行补偿和寻求宽恕的任务，如果这一举动被认为是痛苦的，而且情感上付出的代价太大的话，病人会撤退到一个全能的保护中，使他能够重新建立对理想客体的控制权，并掩饰他因为想要复仇而产生的仇恨。

首先，我会尝试说明进入俄狄浦斯情境会如何导致仇恨，以及如果不承认和不表达的话，怨恨又是如何产生的。我的病人D先生只会很少且短暂地允许一种有意义的接触（这个临床资料的一部分已经在《精神撤退》这本书的第七章中做过介绍）。作为一名研究员，他在一个竞争激烈的学术环境中工作，在那里竞争有时候是致命的。他习惯性地以一种华丽的姿态进入新环境，受到鼓励和赞扬，但他无法维持由此带来的希望和兴奋，他的项目一再失败。他之前在大学的一份学生报纸那里做编辑，一开始晋升了，但后来又被解雇，这使他变得非常抑郁。他担心抑郁会再次出现，因此他主要靠寻求分析来避免这种情况。事实上，他在工作中的处境变得越来越危险，部分原因是他无法忍受批评，因此与上司的多次冲突导致了愤怒的反应，使他不得不压制这种反应以确保自己的生存。

他本人否认参与了这场竞争，正如他否认嫉妒一个没有在上学、已婚并且有一个小孩的姐姐。他认识到姐姐给父母带来的快乐，但他认为一旦他能够在研究上取得成功，并在此帮助下娶到父母认可的那种妻子，他将很容易超越姐姐带来的快乐。

他把大量的时间都花在了筹划转移到不同的部门、不同的国家甚至不同的研究领域中。尽管在幻想中，这些会让他战胜同事和老师，但他认为这是一种修复而不是报复，他否认自己对那些似乎总是忽视他的重要性，并阻止他进步的人有任何仇恨。

我想集中讨论我们治疗过程中的某一次会谈。在那次会谈中，他以描述前一天在他隔壁办公室举行的一次会议开始。那是在高级讲师的办公室里，他没有被邀请，这仿佛让他感觉事实上他在院系里已经没有位置了。后来他和高级讲师认真谈了谈，高级讲师给了他如何更好地解决自己的问题的建议。对方告诉他，他做出的冲动决定是不可信的，病人顺从地回应了，同意讲师说的是绝对正确的，并对院系为他所做的一切表示感谢。这样看来，他似乎顺从了一个强大的父亲形象，但事实上，从他经常对这位讲师和院系发表的轻蔑言论中可以清楚地看出，他自认为高人一等，在向他们展示他如何在不同的环境中取得成功之前，他一直保持沉默。

他继续兴奋地讲着他的新发展前景和研究计划，但有些缺乏信心，他补充说，他觉得我会对他感到失望，因为我会认为这是一个循环的重复，并认为他“回到了起点”。他已经和前女友分手一年多了，但仍继续给她打电话，详细地讨论他的新工作和新女友，现在他抱怨说，他给她留了言，但她没有给他回电话。他想知道这是不是因为和她谈到最近他在分析中提到了他手淫这件事。我想他希望她能够欣赏他利用自己的分析来谈论别人觉得尴尬的事情，但相反，她说“真恶心”。

我认为他无法忍受的根本情况是，隔壁办公室的会议让他想起了我的独立存在，以及他觉得自己渺小和被排斥的时候。在会谈的过程中，我围绕这个观点做了多次解释。我想，如果他能认识到并且表达他的怨恨和复仇的愿望，他可能会承认他对我的攻击，这会导致从精神撤退中走出来的举动，让他意识到自己的后悔，并希望与我重归于好。然而在这种情况下，这样的举动似乎对他的自尊心造成了极大的伤害，所以是完全不可能的。

病人对高级讲师的回应过于恭敬和顺从。他不仅否认了自己的愤怒，而且同意了对方对他的批评。他很快就要被解雇了，这就是他没有被邀请参加会议的原因。他认为这既是对他的傲慢和过度的野心的惩罚，也是为了抑制自己的真实情感而必须学习的一课。在会谈过程中，他也以同样的恭敬对待我，很明显在这两种情况下，他的愤怒都是无法被表达出来的。我从来都没有确定过他是否因为害怕我被他的暴力所摧毁而不得不抑制它，或者他确信我会以严厉的方式报复，以致他不得不屈服，以避免被阉割或死亡。结果他没有表达出来的复仇变成了怨恨和不满。

当他的计划失败时，这个病人感到被背叛、被冤枉以及被打败，他认同了一个有虐待倾向、惩罚欲强、复仇心强，但本质上软弱的父亲，这导致他对待别人的方式就像他父亲对待他一样。他想为自己受到的不公平对待而报仇，但他觉得自己没有足够的力量公开表达仇恨。因此他放弃了对原初客体的野心，但并没有放弃复仇的希望，他转向了新的客体，而他的野心和目的本质上并没有改变。

这在他不断兴奋地寻找新项目的行为中表现得很明显，他表现出一种狂躁的特征，因为他似乎把自己视为一个全能的、野蛮的父亲。尽管这些计划是为了修复和家人的关系，但似乎总是导致灾难和失败，导致循环不得不重复，当他认为我会对他感到失望并认为他“回到了起点”时，他意识到了这一点。

我很惭愧地承认，我没能找到一个令人满意的临床例证来说明愤怒的僵局是如何缓和的，从而成功地走向俄狄浦斯冲突的抑郁位态的解决方案，因此我把目标转向文学作品，希望从中找到一个例子。然而我相信这些例子在临床上是真实和重要的，尽管它们很难描述，往往是转瞬即逝的，因而无论是病人还是分析师都会怀疑它们的真实性。有时，在一次比通常更恶劣的攻击后，病人可能会注意到我看起来很累，甚至不舒服。当他意识到我比他想象的要老得多时，就会产生另一种转变，导致他的怨恨和嫉羡有所减少。

这些时刻通常是在分析师遭受残酷攻击的强烈仇恨阶段之后出现的，如果这些攻击能够被容忍并得到适当的分析，而不是被谴责，怨恨可能会让位于悔恨，并开始走向修复。通常，这表现为宽恕的形式，包括病人和分析师两边：病人需要宽恕分析师的错误和缺点，分析师则必须分享这个过程，并让病人意识到心理现实并不具有道德主义的、不可饶恕的特征。同样地，病人的公开攻击可能使分析师从内疚的麻痹中逃脱，并更有力地为自己辩护，这反过来可能会使病人感到后悔和内疚，让他做出让步，进而营造一个更宽容的氛围。

我将试着通过简要地观察罗伯特·路易斯·史蒂文森的小说《绑架》里，年轻的大卫·鲍尔弗和年长的艾伦·布雷克之间的关系来说明我的意思。这两个人被迫进行的危险、艰难和痛苦的旅程与病人和分析师彼此忍受的旅程有许多相似之处。“复仇”是书中最突出的主题，两位主人公之间的争吵是小说的高潮，它既显示了避免怨恨的困难，又显示了为了克服它而将之作为报复的需要。

一个反复出现的主题是敌对团体之间因仇恨而引发的暴力，无论是苏格兰人和英格兰人、高地人和低地人、凯尔特人和撒克逊人、长老会教徒和天主教徒，或敌对的氏族——尤其是坎贝尔和斯图尔特之间。

在小说中，一边是代表苏格兰的大卫·鲍尔弗，他也是本书的第一人称叙述者，他试图做到公正合理，并相信法律的正当程序和宗教的缓和作用。相反，艾伦·布雷克浪漫、傲慢、忠诚、愤世嫉俗而直率，艾伦是两人中更暴力、充满仇恨的那个，他总是在谈论复仇。当大卫提到他的朋友坎贝尔先生时，艾伦愤怒地说道他讨厌所有叫这个名字的人："除非是给坎贝尔家的一发铅弹，否则我不知道我能帮他们做什么。我会追捕一切名字像黑雄松鸡一样的人。就算我躺在那儿奄奄一息，我也会跪着爬到我房间的窗户前去射杀一个叫坎贝尔的。你很清楚我是斯图尔特家的人，而坎贝尔家的人一直在折磨和杀害我的家族成员。"

他解释了斯图尔特人遭受的各种迫害，他们被赶出自己的土地，甚至被禁止穿苏格兰短裙。当他自豪地宣称"他们唯一无法磨灭的就是族人对领袖的爱"时，他强调了自己不断提到的复仇，是基于对家族的爱和忠诚。我经常发现，我感到最痛苦的时候，是当受到病人攻击的对象不是我，而是我的"领袖"时，即通常是弗洛伊德或克莱因这些精神分析学家。

这是本书的高潮部分，也是造成朋友间争吵的背景，同时也说明了大卫的怨恨是如何形成一个自我辩护的论证体系的，这个体系使他陷入了一种自我毁灭的状态，起初令他无法摆脱。让人感动的是，他终于能够表达他的愤怒和仇恨，并且通过这种表达承认了他对艾伦的需要。这反过来也让艾伦能够做出回应，表达他对自己在争吵中的行为的懊悔和遗憾。

自从大卫被绑架后，两人互相帮助，历经艰难险阻，但是这时候大卫已经无法抵抗诱惑，沉迷于那种暗自揣测，他在想如果抛弃他的朋友的话，他就可以救自己了，这让他感到内疚和不忠，并且开始憎恨自己和艾伦。这种情况在艾伦骗大卫借钱给他，并且输光了之后变得更加严峻。这与分析也有相似之处，在这种陷入僵局的情况下，终止治疗的愿望很常见，对金钱的指责也很常见，尤其是关于费用，为错过的会谈交的钱等，这些都加剧了怨恨。

大卫和艾伦因为旅途的艰难变得越来越筋疲力尽，大卫首先陷入了沉默。

> 我们很长一段时间都没有说话；我们肩并肩或者一个跟着一个地前进；我既愤怒又傲慢，并从这两种强烈而罪恶的感情中汲取力量：艾伦的生气和羞愧。他因为把我的钱弄丢了而感到羞愧，因为我这么不高兴而感到生气……在这些极讨厌的情感张力中，我们彼此并不熟悉，甚至都很少说话。事实是我正在自掘坟墓，我为此感到恶心，这是我最好的借口。此外，我从出生起就有一种不原谅人的性格，不轻易生气，生气了也更难忘记，现在我既对我的同伴也对自己感到愤怒。

接下来的三天，艾伦一直保持沉默，但很有礼貌且乐于助人。但在另一次短暂的爆发之后，他似乎原谅了自己在金钱问题上的过失："他又歪戴着帽子，神气活现地走着，吹着口哨摆架子，带着挑衅的微笑望着我。"接着他开始嘲笑大卫，叫他"辉格党人"（他用这个词来称呼英格兰国王的支持者），并且取笑他的疲倦。大卫知道这是他自己的错，但他无法悔改，他开始沉溺于幻想躺在一座潮湿的山上奄奄一息。

> 也许我的头是晕的；但我开始爱上了这种可能性，当我想到自己独自一人在沙漠中，在弥留之际只有野鹰包围着我，这样的死法让我开始感到自豪。我想艾伦到时候会后悔的；我死后他会记起他欠了我多少钱，这记忆将会是对他的一种折磨。每次听到艾伦的嘲笑，我都沾沾自喜，"啊！"我心里想，"我已经准备好了更好的嘲弄；当我躺下死去的时候，你会觉得这就像一次咄咄逼人的迎头痛击；啊，多么恶

毒的报复！啊，你会为你的忘恩负义和残忍后悔的！”

将死亡理想化为终极复仇是分析师们熟悉的一个主题，它包含着一种不真实感，因为病人既是死去的又是活着的，他一直享受着复仇的乐趣，就像幻想着出席自己的葬礼一样。

大卫继续说：“我的情况正变得越来越糟糕，我身体一侧的疼痛几乎难以忍受。最后，我开始觉得自己再也走不动了；说到这里，我突然产生了跟艾伦摊牌的愿望，让我的怒火熊熊燃烧，并以更突然的方式结束我的生命。”

他向艾伦抱怨自己受到的侮辱，要求艾伦用文明的口吻谈论国王和坎贝尔人，而他本人则遭到了更严厉的指责。

“我是斯图尔特家的人。”艾伦首先说道。“噢，”我说，“我知道你有一个国王的名字，但我见过许多有这个名字的人；我对此的看法是这些名字什么也不是。”

双方的攻击都是针对家族姓氏，他们对其的忠诚受到了挑战。艾伦最后说：“这太遗憾了，有些事情是不可避免的了。”大卫正打算这么做，他拔出了剑，似乎想通过暴力解决问题，他深知面对经验丰富的剑客，自己毫无胜算。

艾伦哭喊道：“你疯了吗？我无法对你拔剑，大卫，这简直就是谋杀。”被进一步激怒后，艾伦拔出剑并把它丢到一边，说：“不，不，我不能，我不能。”大卫继续说：

这时候，我最后的怒气都发泄出来了；并且我发现我只是病了、感到难过和茫然，以及怀疑自己。我愿意付出一切来收回我说过的话；但话一旦说出口，谁又能收回呢？我想起了过去艾伦的善良和勇气，想起了在我们苦难的日子里他是如何帮助我、鼓励我并且和我一起渡过难关的，然后我想起了自己受到的侮辱，意识到我永远失去了那位坚强的朋友。与此同时，折磨我的疾病似乎加剧了，我身体的疼痛就像一把锋利的剑。这时我产生了一个想法：任何道歉都不能抹去我说过的话；没有必要去想怎么道歉，因为没有人能掩盖罪行；但当我觉得道歉是徒劳的时候，只要一声简单的呼救就能让艾伦回到我身边。我放下了自尊。“艾伦！”我说，“如果你不能帮助我，我就得死在这里了。”“如果我死了你会原谅我吗，艾伦？在我心里，即使在我最生气的时候，我也喜欢你。”

“安静！嘘！”艾伦哭喊道，“不要那么说！大卫，兄弟，你知道——”他哽咽着闭上了嘴，开始帮大卫靠在他身上。他又一次哭了。他说：“大卫，我根本不是好人；我既没有理智也没有善良；我忘了你还是个孩子，也没有看出你奄奄一息了；大卫，你得试着原谅我。”

“噢兄弟，我们不要再说了。”大卫说，“我们都不是能修补彼此的人——这是事实。”

这种和解是基于对心理现实的承认，而不是对其的否认；这不只是对错误的承认，而且是对差异和依赖的承认。修复可以从宽恕开始，但只有在相信已经发生的事情之后才能实现，因为一种信念只有在得到充分承认后才能被放弃（布里顿，1995）。

当然，这种发展总是不稳定的，很容易再次变成怨恨。即使在上面的场景出现之后，艾伦还是表现得高人一等，并且提出要背着大卫，但大卫挑衅地拒绝了这一点，他声称自己比艾伦高30厘米。

“但你不是这样的，可能四五厘米的差距只是一个小问题；无论如何，我想我的确不是你所谓的那种高个子；但是我敢说，”他补充道，而他的声音以一种可笑的方式越变越小，“现在回想起来，我敢说你差不多是对的。啊，我们的身高差可能有4厘米，差不多一手之宽，或者甚至更多！”“艾伦！”大卫哭喊道，“你为什么对我这么好？你怎么会关心我这样一个忘恩负义的家伙？”“我真的不知道，”艾伦说，“可能只是恰好因为你从不埋怨，我想我喜欢你这一点；并且，我现在更喜欢你了！”

我认为史蒂文森是对的：愤怒和傲慢是两大罪，它们阻碍了人们从基于怨恨的精神避难所中走出来。他还敏锐地指出，在压力面前，它们会发挥作用，正如大卫解释说，他从这两种“强烈而罪恶的感情”中汲取力量。

关于仇恨的文章已经写了很多，我们认识到，当仇恨的根源在于嫉羡时，它可以成为一种阻碍发展的破坏性力量。我们似乎不太理解傲慢。当大卫去找他邪恶的叔叔埃比尼泽，索要他的产业时，他得知他的叔叔和父亲这两兄弟曾经爱过同一个女人。这场竞争通过一个交易得以解决：大卫的父亲赢得了母亲，但不得不过着贫困的生活，而他的叔叔则得到了家族的财富、姓氏和地产。他以一种吝啬的方式持有这些，并且还绑架大卫，以防止他提出合法索赔。埃比尼泽的认同感取决于傲慢，并依赖于对财富、财产和头衔的占有。大卫也是，当他被艾伦所做的错事激怒时，一开始他太傲慢了，所以不愿承认自己的依赖，他的傲慢似乎让他下定决心，宁愿自己死也不让自己受辱。

有时候，在这些情况下，傲慢似乎是基于肛门机制，保留和囤积被用来代替被爱的感觉。保存肛门内容物可能是一种对客体的忠诚行为，在这种情况下，人们会觉得客体是被保护的，也是被占有和控制的，这也可能是一种避免依赖、羞辱和羞耻感的方式。有时，对肛门财富的幻想会产生一种力量和独立的感觉，在幻想中会被描绘成一个内在的阴茎，或充当一个脊柱，支持病人并帮助他否认自己对他人的需要。失去这种力量来源的威胁会被认为是对肛门的攻击、阉割威胁或抢劫，并会导致怨恨的加剧，有时还坚信生存取决于怨恨、傲慢和仇恨的结合。

我们很难确认是什么导致了从这种状态中的脱离变得可能。也许最初是大卫把自己的死亡美化为终极复仇过程中的痛苦和疲惫，后来可以让他承认自己需要帮助。我相信，如果大卫的愤怒没有导致他公开拔出剑来攻击艾伦，他就不可能想出解决方案。很多病人觉得，向自己提出的请求就是要放弃自己的不满或者委屈，以便成为一个顺从和遵守规矩的人。我们不明白是什么因素使某些人能够朝着恰恰相反的方向行动，鼓起勇气从精神避难所中走出来，并坚持到底——可以说，以复仇的方式坚持到底。在某些情况下，这会导致人们相信孩子会毁掉父母，但大卫的现实感是完整的，他知道这样的攻击是自杀。这种变化似乎源于大卫的一些内部过程，使他能够通过经验而不是幻想来检验他的客体的品质。这个变化也对大卫和艾伦的关系产生了影响，因为它能让更年长、强大的男人认识到他在和一个孩子打交道，从而停止并做出让步。

大卫和艾伦没有遭受的那种人格障碍，正是我们的许多病人具有的特征，然而我相信基本机制是相似的。在分析中，宽恕的举动可能由病人或分析师发起，这样的时刻在分析过程中确实会发生。也许更强大的一方不得不让步，而更公开的攻击使他能够这样做。也许，分析师能使他自己从由内疚引起的瘫痪性抑郁中恢复过来的能力（就像艾伦从偷大卫的钱的内疚中恢复过来一样）是另一个因素。随着因长期的斗争而产生的疲惫，似乎有些东西会让步，傲慢会被放弃，取而代之的是对心理现实的承认，包括一种相互但不平等的依赖。除此之外，宽恕会出现，并且会允许病人从精神避难所中走出来，以面对关系的现实。我之前描述的病人不会拿起“大卫的剑”直接攻击我，也许他太傲慢了，也许他非常确信他是更强的那一个，以至于如果他从精神避难所中走出来，就会毁灭我。这种情况有许多不可估量的方面，使得分析任务变得困难但有趣，为进一步的研究提供了挑战。

第三部分

哀悼、抑郁症与强迫性重复

第八章　哀悼与抑郁症之间的冲突

也许我们都难以面对的最核心的生活事实是时间的流逝，它让我们面对丧失所爱的客体的现实和我们最终不可避免的死亡。我们试图否认或推迟接受这一现实，用永恒和不朽的幻觉来抵御它。自恋性的精神病理性组织所提供的全能感否认了时间流逝的现实。这样一来，就避免了需要面对丧失和所有与哀伤相关的痛苦情感。

这一章探讨了个体体验到的一种内在冲突，即一方面面对丧失的现实，另一方面又否认它的存在，我们以一个分析接近尾声的临床案例进一步详细论述这部分。关于丧失的内部心理冲突表现为道德和现实之间的冲突，并外化为病人和分析师之间的冲突。对病人来说，放弃对分析师的怨恨就等于放弃了他的理想客体，也象征着失去了他的全能性。在分析的过程中，他的抱怨变得不那么有说服力，由丧失引发的内在冲突体验变得更加容易觉察，病人能够允许一些走向哀悼的行为发生。

精神分析中的变化，就像一般的变化一样，无一例外地将病人暴露在新的、某种程度上令人恐惧的未知面前。因此，我们不难发现，许多病人尽管遭受了痛苦，却仍然紧紧抓住自己熟悉的事物。然而，对改变的渴望以及对新事物和新发展的渴求促使病人向前迈进，并使他与束缚他保持现状的保守主义倾向发生冲突。此外，改变总是涉及要放弃旧的事物以及接触新的焦虑，通常，放下熟悉的事物是这项任务中最困难的部分。

我认为，哀悼和抑郁症之间的这种冲突在生活和分析中都是至关重要的，而且每当现状被打破时，往往是在治疗获得进展，病人拥有评估现实的新能力时，这种冲突就会变得尤其尖锐。发展和整合增强了我们对于真实世界的检验力，从而开始面对、解决和理解对丧失的冲突。这些体验涉及放弃全能和面对丧失，所涉及的心理过程与面对实际死亡的丧亲者所产生的心理过程有很多共同之处。就像在丧亲之痛中一样，病人是否在分析中获得改变，取决于病人是否能够面对丧失的现实，以及随之而来的遗憾、悔恨和内疚的感觉。如果病人能够忍受痛苦的后果，他就能够度过哀悼的各个阶段，并最终能够收获发展性的改变，以及由此带来的更加丰富的体验。

在重大丧失事件发生和极度痛苦的情况下，一般个体会不愿意面对现实，起码在早期是这样。如果个体不能面对现实，防御过程就会被调动起来，否认丧失，并导致抑郁症的发生。在我所描述的这个病人身上，这些防御过程涉及各种机制，包括躁狂的胜利、强迫性的控制和对他的客体的施虐-受虐的羞辱。经过多年的分析，这些机制的全能性和致病性都有所减弱。然而，随着它们的消退，病人不得不开始面对他对其客体所做的事情。这使他面临着与弗洛伊德在《哀伤与忧郁》中描述的类似的内在体验。一个受损的、受责备的内部客体被内化，并作为一个具体的客体保留下来，在自我身上投下阴影。抑郁症的解决方案提供了一个折中方案，在这个应对方案中，客体不再存在于外部世界，而是作为一个内部客体被保留下来。它在内在世界中被占有和控制，并投射到新的客体身上，这些客体在病人的心理平衡中发挥着与原来的客体相同的作用。

尽管经常不情愿和犹豫不决，我的病人也朝着放弃他的客体的方向迈进，并伴随着与抑郁症相关的妥协，允许他面对现实并形成新的关系。在哀悼的早期阶段，冲突是无意识的，对丧失的否认和对客体的占有性内化是自动的，而不是主观进行的选择。在哀悼的后期阶段，随着现实逐渐变得更容易接受，这些选择变得更加明显，并被有意识地体验为自己所做的选择。

令人困惑的是，“抑郁”这个词既被用于伴随着哀悼的状态，也被用于对哀悼的防御所产生的状态。导致面对丧失和哀悼的途径与痛苦的抑郁情绪有关，包括内疚、遗憾、悔恨和希望进行补偿。克莱因（1952a）认为这些感觉代表了抑郁位态，与在抑郁症病人身上观察到的疾病体验非常不同。尽管混合状态很常见，但重度的易产生抑郁的疾病或抑郁症是对丧失的防御，因此也是对所有与抑郁位态相关的感觉的防御。临床上的抑郁症病人可能会遭受焦虑和迫害，怀有怨恨，并部署躁狂和强迫性的防御措施，以帮助否认丧失发生的现实。

我们对这一主题的当代理论理解仍然得益于弗洛伊德（1917）对哀伤和抑郁症的描述。当代理论从他后来的论著中获得了进一步的探究，即所有的冲突都深深植根于生的本能和死本能之间的冲突（弗洛伊德，1920）。虽然对这一表述的态度各不相同，但在我看来，它特别适用于理解与哀伤有关的冲突。在丧亲之后，生的本能似乎会慢慢恢复，并帮助病人放下对死亡客体的依恋，重新投入生活中。死本能更难表述，但它可以被认为是一种反生命的力量，表现为想要保留住客体的保守倾向，并以这种方式促进抑郁症的发展。

幸运的是，这些更深层次的问题不需要我们在日常工作中关注，即在分析会谈中跟随病人在两种本能的冲突中穿梭。在这里，我相信，这些冲突仍然是对放弃或占有客体的相同困境的表达，但在分析的情境下，病人专注于被爱的需要，他认为这可以保护他免受灾难性的焦虑。病人开始担心失去对他的好客体的爱，他担心这将证实他在幻想中对它们造成的伤害。有时，一个人不再被爱的感觉会引起可怕的丧失感，仿佛整个世界都坍塌了。弗洛伊德（1923）认为这与抑郁症中对死亡的恐惧有关，在这种情况下，“自我放弃了它自己，因为它感到自己被超我憎恨和迫害，而不是被爱。因此，对自我来说，活着就意味着被爱，即被超我所爱”（第58页）。

早些时候，弗洛伊德（1917）曾将抑郁症描述为一种与丧失爱有关的病理性哀伤：

> 在抑郁症中，引起疾病的情境大多超出了明确丧失

（例如丧亲）这类情境，包括所有那些被轻视、被忽视或感到沮丧的情境，这些情境会将爱与恨这两种截然相反的感觉引入关系中，或加强已经存在的矛盾性。

（第251页）

这些“被轻视、忽视或失望的情境”出现在每段有意义的关系中，是生活和分析中普通经验的一部分。每一种对爱的拒绝都涉及一种丧失，并给病人带来一种冲突，这种冲突的核心是他是否承认这种体验的真实性的能力和意愿。核心问题仍然是检验现实的能力。在因死亡而实际发生明确丧失的情况下，弗洛伊德（1917）描述了“每一个展现对丧失客体的力比多依恋的回忆和期待的情境都会接受现实的检验，这个现实便是客体已经不复存在”（第255页）。

在那些病人“被轻视、忽视或失望”并相信他不再被爱的情况下，仍然要对现实做出判断。这里的判断涉及爱的丧失的议题，与“忽视或失望”有关的特定事件必须被重新审视，并再次应用“现实检验”（verdict of reality）这个能力。这个选择决定了是否以更加现实的方式来面对和感知爱的丧失，个体需要承受适当程度的内疚，并随之失去对自我和客体的理想化。在这些情况下，对现实的判断似乎如此困难，原因之一是外部客体仍然存在，是活着的，而且还有重新获得爱的潜在可能。病人可以将内部客体投射到外部客体上，并且可以保持希望，即个体对丧失是可以被扭转的心存希望，理想化可以维持，以至于没有哀悼的需求。

我认为，在整个分析过程中，丧失的体验来自不同的渠道，即有时病人必须处理实际的缺席，比如发生在疗程之间、休假时和分析结束时，而且往往是在病人感到“被轻视、被忽视或失望”时。有时，病人自身的发展会推动他自己向希望获得改变的方向发展，因为病人开始相信，他有足够的力量应对现状的威胁，并且能够生存下来。

病人对丧失的反应并不总是被认为是一种选择，因为焦虑往往优先于哀伤。因此，自恋的防御措施可能非常成功地用一种认同的方式取代了丧失，以至于只有当自恋开始让位于更大的现实感时，丧失才会被意识到。然而，我认为，在会谈中的互动中可以看出与丧失有关的反应，这表现在病人对改变的反应。例如，雷伊（Rey，1994年个人交流报告）提出，每一次有意义的分析性接触，例如当病人理解一个诠释时，都会体验到一定量的丧失，因此也同时伴随有一定量的抑郁。理解新的东西需要病人放弃先前的信念，在幻想中，这被体验为放弃一个具体的客体。它总是涉及某种程度的“被轻视、被忽视或感到失望”，并使病人面临着冲突。在这种情况下，通常可以看到病人在接受和否认之间的挣扎。接受是涉及一个小型的放弃和一个小型的哀伤，而否认则涉及回到对具体的内部客体的依赖，以及重新部署早期用来否认丧失的防御机制。

我将从一些临床资料中观察这种类型的冲突，我以一个最初以各种方式否认丧失的病人为例，这个病人后来在分析工作的帮助下，他似乎更接近于接受丧失，并通过必要的哀悼来修通面对丧失的体验。虽然他使用的是他自己的一套机制，但其中出现了一种模式，我怀疑它是相当普遍的。首先，有一种将冲突从涉及对现实的判断转化为道德的判断的趋势。病人没有审视所发生的现实，而是对已经内化的客体表示不满。导致“被轻视、被忽视或感到失望”的事件被当作没有发生过，因为它是不公平的，不应该发生的。病人希望分析师去确认这一判断。如果分析师没有这样做，抱怨的矛头就会转而指向分析师。

我们可以说，关于现实的自我判断被有关道德的超我判断所取代（布里顿，2003），发生了什么的问题被应该发生什么的问题所取代。与这种转变相关的是，怨恨压倒了内疚，焦虑胜过了抑郁。

在所有这些对现实的防御中，关于丧失的内部心理冲突变成了病人和分析师之间的人际冲突。病人似乎常常决心把分析师拉进道德评判中，并围绕着“什么是对的”或“什么是错的”的议题创造一场斗争。作为分析师，我常常无法抗拒加入这场争斗，并发现自己被卷入一场避免看清所发生的现实的共谋中。

这种逃避现实的勾结是源自分析师自身这部分的一种活现，我常常无法阻止，而且我认为这种表现形式破坏了分析设置的中立性原则，使分析工作陷入危险境地。最近的研究考察了这种活现引导分析师在病人的防御系统中发挥作用的方式，并产生了对病人与他的客体相关的习惯性相处方式的更加深入的理解。例如，桑德勒（1976a，1976b）认为，活现产生于：自我和客体之间的内部关系在病人与分析师的关系中得以实现，分析师被促使扮演了病人内在客体的一部分，也因此活现了一种幼稚的角色关系。

约瑟夫（1981，1983）描述了病人如何利用分析师来建立一个抵制心理变化的心理平衡的方式，这对于我在本章中采用的方法非常重要。她和其他心理学家（例如费尔德曼，1994，1997）已经展示了分析师是如何被吸引到病人的幻想中扮演一个角色，以活现过去的客体关系，并因此成为病人的防御系统的一部分。

临床资料

A先生即将结束一段漫长而又艰难的分析。多年来，他的会谈模式包括最初的理解和获得接触的时刻，有时似乎反映了分析师的洞察力，但这往往是一个天真的分析师想听到的有些讽刺的说法。病人会等待我的评论，而他只接受赞美或指责的形式。虽然他显然在寻求表扬，而且往往是以一种相当幼稚的方式，但对他来说，重要的是我应该做出道德判断并站在哪一边。通常，他觉得如果我给予他无条件的支持，他所报告的不公正就能得到纠正，但如果能说服我以道德为理由批评他，他同样感到满意。几乎无一例外的是，我试图保持中立，着眼于现实而不是道德，这导致了他对我所说的或没有说的东西爆发出强烈的愤怒。主要抱怨的是不公正，A先生未能从我这里找到他所寻求的支持，这引起了他对我的愤慨、不理解和怨恨。

渐渐地，由于这种反复的体验，他的对抗减少了，特别是在我们做出了一年后将结束分析的决定之后，气氛变得平静了。A先生变得不那么愤怒，也更善于思考了，但他仍然发现很难运用他的智慧，或者很难去观察他周围发生的事情。他对变化的主要反应不再是恐慌，当我未能满足他的要求时，他抱怨说他感到绝望，说我截断了他唯一的出路，他之前所建立的一切都崩塌了。他所表述的内容不再有那种灾难性的内涵，尽管他仍然带来了让人感到恐惧的孤立和忽视的意象，这使他觉得他必须不惜一切代价坚持下去，以免崩溃。在很长一段时间里，与抑郁、内疚或丧失有关的任何一方面的接触似乎只是短暂的，但一些悲伤的情感在他身上是显而易见的，尽管表达的方式比较隐晦，例如他想知道每天早上不来治疗会是什么样子的。

A先生总是发现自己在两次分析之间的间断期会感到难以忍受，尤其是当我因为要休假而暂停他的咨询的时候，他总是因此会出现被孤立感和焦虑。早些时候，他通过让自己变得忙碌来处理间隔期里的消极体验，比如经常通过度假或自己的公务旅行来延长我的休假时间。近几个月来，由于他开始意识到他的分析即将结束，他的旅行次数减少了很多，但在结束日期来临前的两个月，他决定接受一个商业会议的邀请，答应去德国参加这个会议并在那里发表演讲，这意味着他将不得不错过我们约定好的星期五的治疗。

第一次治疗

在这次出差前的星期四是我们约定的治疗时间，A先生首先描述了他所谓的一个非常棘手的情况。有人向他提出，他可以帮助他的儿子B，通过从同事那里找到有关工作机会的信息。当他这样做的时候，他付出了相当大的努力，却导致了一场灾难。A先生不但没有赢得B的认可，反而被指责干涉和践踏了他儿子的独立性。A先生开始描述一场灾难，重申他是一个可怕的失败者，他的思维出了问题，脑子里非常混乱，他已经无药可救。

病人继续说，他认为这次经历一定是对他最近几周自满情绪的报复，当时他认为自己近期一直在取得进步。生活中的事情都进展得非常顺利，例如他对工作中的董事会议和他与妻子的关系都感觉良好，周末他与妻子在花园里放松了一会儿。他自豪地看着自己在石制庭院、花坛和水景上所做的布置，这些都看起来都很不错。这使他认为他已经重新建立了一些东西，并与妻子重新建立了更好的联结。现在他再次重申，一切美好的状态又都崩塌了，他所有的好的体验都被破坏了。

然而，A先生的抗议并不像以前这类事情那样有说服力。它们更多地向我展示了他寻求支持的愿望是多么难以实现，以及对他来说评判现实是多么艰难。他甚至承认，他曾问过自己，为什么面对儿子的指控，他这么轻易地就崩溃了，尽管他并不完全相信这些指控是真实的。他曾经向儿子道歉，就好像承认这些指控是真的一样，但现在他也不确定了。

我把病人对灾难的描述与他对第二天要去德国出差的焦虑联系起来，并认为他在试图说服我，这次旅行会破坏我们之前所做的分析工作。他担心我不同意这次旅行，而我的不同意会导致灾难。这种恐惧导致他声称自己已经崩溃了，而我和他的工作也崩溃了。我向A先生回应道，他想看看我是否会捍卫这项工作，是否会同意他的观点，即错过周五的治疗将是一场灾难，即使这让他感觉很糟糕。我补充说，他确实觉得我们做的分析工作是有用的，但他并不真正相信这创造了他想要的理想状况，这将保护他免受现实的影响。我解释说，无论是他在幻想中创造的理想的分析师形象，还是他提出的一场灾难般的崩溃，都不太真实。

A先生似乎听进去了，但还是继续坚持认为灾难是真实的。当他和妻子在一起时，他觉得他有家人和一个家，他并不孤单；但现在他失去了一切。

第二次治疗

在德国度过周末后，A先生周一回来时心情大为改观。他说，自从上次治疗后，发生了很多事情。首先，他收到了他的儿子B的一封长长的电子邮件，B在邮件里对A先生进行了道歉以及坦承了B自己的一些感受和计划。B的一些不满情绪已经从病人身上转移到病人的姨妈身上。B抱怨说她有控制欲，因为她给了他钱，然后又很想知道他准备怎么花这些钱。

病人说他很惊讶，因为他对这位姨妈只有温暖的感觉，她一直是A先生反对父亲的盟友。在A先生还是个孩子的时候，她经常带他去野营。他一直很好奇为什么是他的姨妈而不是他的父亲带他出去玩。然后，在观看一部关于诺曼底登陆的电视纪录片时（前一周是诺曼底登陆60周年纪念日），他觉得自己了解了更多，并认为他的父亲在诺曼底登陆，穿过法国北部一路战斗到德国，已经经历了足够多的痛苦和不幸。他现在可以理解为什么他父亲不想去露营，但他觉得战争在他们之间留下了障碍。

我指出，病人今天的情绪与他在周四前往德国之前的治疗中的感觉形成了对比，当时他感觉自己的整个世界都坍塌了，也许部分是因为我在周四没有崩溃也没有对他的决定进行表态，因为我想，他与我之间的关系的改善，帮助他更好地理解了他的父亲。

A先生回答说，他对德国有一些想法，并提醒我，在他的家庭中，他的母亲和他的父亲之间存在一些矛盾，他的母亲崇拜德国，而他的父亲由于在战争中遭受的痛苦经历，对所有与德国有关的事物都持反感态度，因此他父亲将法国视为理想的国家。A先生上周五在德国发表演讲，他意识到当德国人对他的工作印象深刻时，他感到很兴奋，他想知道这是否与他父亲有关。

我向A先生反馈道，他认为，我以及精神分析，会像他父亲一样，可能有一段与“二战”有关的历史背景。因此，他可能会担心，我会像他父亲一样，如果他过于热情地拥抱德国的这一方面，我可能会受到伤害。他说，他一直认为精神分析是源于德国的，后来意识到它与奥地利人和犹太人有关。他自己在法国并不开心；他一直想在海德堡学习。

A先生想起了一个不寻常的日子。他坐在德国靠近法国边境的一家咖啡馆里，吃了一顿好饭，喝了一些酒，为他正在计划的一项商业投资写了一些笔记。他写了他的个人宣言。宣言很长，内容也很丰富，但很快就写完了。如果他现在看它，他不确定自己会怎么想。他可能会认为当时自己是在胡说八道。

沉默之后，病人补充说，他觉得被父亲控制了，这让他很生气。但是当他在看纪录片时，当他们说这是他们最后一次去诺曼底时，他很感动：下一次就没有老兵了。

我的理解是，他现在更加意识到分析的结束，这与我将不再在这里的时间相联系。这就产生了冲突。他很容易把我看作控制者，要求他服从我的权威。然后，如果他反叛，当他觉得自己是如此强大的时候，他预计会有可怕的崩塌感出现。他说，是的，这是一种狂躁的自由和危险。他知道这与法西斯主义和权力有关。他说，随着年龄的增长，他的父亲似乎意识到，当一代人把钱传给下一代时，他们是不会看到钱是怎么被花掉的。

我向他反馈说，他更多地意识到了遗憾，关于利用那个长长的周末去德国出差，也许他觉得伤害了我，但他现在不太相信他的行为和幻想会导致灾难性的爱的丧失感，以及整个世界都崩塌了的感觉。现在，他似乎更清楚他父亲的年代和我们分析工作的结束之间的联结，分析结束后，我不会在那里监督他如何使用他从分析中获得的东西。

A先生说，他父亲不能容忍自己儿子的成功，以及很容易感觉受到威胁。他父亲甚至感到被花园里植物的生长方式所威胁：它们必须被放在应该在的位置上。而且，就像植物一样，A先生一直觉得父亲试图把他修剪成自己想要的形状。

我的解释是，他现在觉得和我在一起更安全，相信他和我都熬过了他在德国时的漫长周末，尽管他想和“强大的法西斯”思想结盟，以此来攻击和战胜分析。但他仍然不确定自己是否能以一种更正常的方式去成长和发展。我想他仍然不确定我是否能忍受看到他做得好，甚至可能比我更成功。他说，他有一些很有前途的商业项目，但他发现很难判断这些项目是真的有前景，还是只是自己一时的兴奋和疯狂。我回应他说，当他的全能感被如此轻易地激发出来时，他发现很难判断他的成就，也包括我在分析中的成就。

讨 论

最近几个月的治疗显示出一种深思熟虑的态度，这似乎与病人意识到他的分析即将结束有关，而且我认为这是对他生活状况的一种更现实的评估。即将到来的结束唤起了他先前的与丧失有关的体验，例如，感到渺小、脆弱以及变得尤其敏感。当他感到渺小时，他通常会感到羞辱，并转向一个全能的解决方案，在其中他战胜了他的客体并扭转了渺小的感觉。这常常导致他在分析中想要暂停治疗。每次当我即将进行分析时，或者是在我进行分析后，他就会以取消治疗的方式作为报复。最近几个月，他没有这样做，而是以一定的痛苦和努力，设法去维持与我的联结，并重视这些治疗。这次德国之行似乎是为了反抗一个他认为是专制的父亲角色的人，他认为这个强权位置的人正试图以一种羞辱性的渺小感来威胁他。在决定取消周五的治疗后，他通过让我等他的局面来扭转被抛弃的体验，这可以让他在我这儿体验到优越感和胜利感，但也使他害怕因此破坏与我已经建立起的关系，

A先生感到自己无法体验的是丧失，部分是周五治疗本身相关的一些丧失，主要是他担心我的不认可会导致他经历爱的丧失。他不能接受一定程度的内疚感，即他不能允许自己是完好无损的，也不能允许他和我的关系是完好无损的继续存在。相反，他继续陈述他的情

况，他觉得他的世界已经坍塌了，他似乎在认同一个崩溃的内部客体，他通过相互的责备和怨恨的感觉与之联系在一起。在这一点上，他并不觉得自己有足够的自由去思考，以允许容忍在他分析的这个阶段因错过一次治疗而产生的坏情绪。相反，他依靠对具体的内在客体的认同，导致了对抑郁症的回归。

主导这次治疗的自责与弗洛伊德在《哀伤与忧郁》中指出的自责具有相同的性质，都是针对一个内在客体。A先生觉得他通过分析工作获得了内部力量，表现为工作关系和与妻子的关系得到了改善，但与此同时，他还幻想着一个无所不能的儿子，可以摧毁他父亲一直在努力建立的一切。他正在转向一个更原始的世界，在这个原始的世界里，人们遵循的社会运作规则是道德性和惩罚性的，人们总是以是否会遭受报应的规则行事，而我会觉得我与他的工作无法抵御这些力量的影响。

然而，这些抱怨缺乏说服力，病人甚至表示，他非常同意儿子批评他做错了。这使我想到，他对我的印象是，我可以看到他的内疚，也可以看到他的愤怒和痛苦，但要适度，不要反应过激。

在第二次治疗中，一定程度的防御性仍然存在，但A先生更善于反思，能够提出一些想法，帮助他理解他对我的反应，并看到这些反应与他儿子对他的反应，以及他对他父亲的反应的相似之处。看了关于诺曼底登陆的纪录片之后，他对父亲产生了感激之情。由于他对父亲有了更多的理解，他的怨恨也减少了，例如，对父亲没有带他去野营的怨恨。当他的想法在商业演讲中受到德国听众的赞赏时，他想起了他在法德边境的咖啡馆里写的宣言，他把他的自由和力量感与逃离限制他的分析联系起来，他觉得这种分析正试图“挫败他的锐气”。

在我看来，病人在承认丧失和哀伤的方向上迈出了一步，这使他在与忧郁客体的认同中感到不那么受到制约。然而，冲突还是反复出现，他在接受和否认分析的丧失的现实之间摇摆不定。一旦分析结束，他就不会感到被控制和被削减，他将能够以合适的方式使用他从分析中获得的东西。但他也意识到自己所抗议的暴力，以及他在幻想中建立的“强大的法西斯”联盟，通过这些，他相信他可以摧毁我和他父亲所代表的事物。哀悼的修通工作，需要意识到与这些幻想相关的内疚和羞耻。困扰他的其实不是那次周五治疗的取消，而是认识到他从权威的压力下寻求力量，而他并不真正赞同这些力量，但这帮助他扭转了对即将失去分析的渺小和痛苦的感觉。

我相信，病人对与我的冲突感到遗憾，他认为这是一种权力斗争，他希望像自己的儿子一样，能够更加开放，允许与我和解。然而，这种和解使他对结束有了更多的认识。他最近谈到了我的年龄，他父亲的年龄，以及我在他的分析结束后退休的可能性。他意识到，我将不再在那里看他如何使用在分析中所获得的东西，这使他感到更加自由，但他同时又不愿意放弃对我的权力，因为这意味着放弃他应对丧失体验的自恋性防御。在治疗结束时，他再次谈到了他在做判断时遇到的困难，因为他试图将现实检验应用于他的创作和我与他的工作中。

哀伤中的选择与冲突

我相信，病人所面临的冲突与丧亲者所面临的冲突相似，表现为放弃和维持对丧失的客体的占有之间的痛苦冲突。即使在正常的哀悼中，在早期阶段也会试图否认丧失的体验，如果主体要进入哀悼的后期阶段，即需要面对丧失的现实，就必须克服这些问题［鲍尔比（Bowlby），1980；林德曼（Lindemann），1944；帕克斯（Parkes），1972］。

在早期阶段，病人试图通过占有和保存客体来否认丧失。他这样做的方法之一是认同它。他放弃了所有的兴趣，除了那些与失去的人有关的兴趣，这种完全的专注是为了否认分离，并确保主体和客体的命运是密不可分的。由于对客体的认同，哀悼者认为，如果客体死亡，那么他必须与之同归于尽；反过来，如果哀悼者要生存，那么就必须否认客体丧失的现实。哀悼往往在这个第一阶段变得停滞不前，因为导致抑郁症的防御措施已被启动。事实上，抑郁症可以被理解为一种哀悼的失败。

当病人的现实感说服他可以面对丧失时，冲突变得更加有意识，而与此相反，病人倾向于去创造所爱的客体仍然还活着的幻想。抑郁型的解决方案所提供的妥协，到目前为止维持了一种平衡，但不再能满足病人，因为他开始意识到重新参与生活的愿望，并想要允许个体的生活再次向前发展。

克莱因（1940／1975，第355页）在她称之为A夫人的病人身上生动地描述了这种类型的冲突。事实上，A夫人就是克莱因本人，她对她儿子在登山事故中的死亡做出了回应［格罗斯库特（Grosskurth），1986］。在她儿子突然死亡后，A夫人开始整理她的信件，保留儿子的信件，扔掉其他信件。克莱因认为，她是在无意识地试图恢复儿子，并保证他的安全，扔掉她所认为的坏的东西和坏的感情。起初她并没有哭得很厉害，眼泪也没有像后来那样带来解脱。她感到麻木和封闭，她也不再做梦，她似乎想否认失去儿子的现实，害怕梦会让她接触到这个现实。

然后某一天，她梦见自己看到一对母子。那位母亲穿着黑色的衣服，她知道她的儿子已经死了或即将死去。这个梦让A女士接触到了现实，不仅是她的丧失感，还有与这个梦有关的一系列其他感觉，包括与儿子的竞争感，儿子似乎也代表了她在童年时失去的兄弟，以及其他各种必须修通的原始感受。

后来，她做了第二个梦，在梦中她和儿子一起飞行时，儿子消失了。她觉得这意味着他的死亡，即他被淹死了。她觉得自己好像也要被淹死了，但随后她努力挣脱了危险，回到了生活中。她的联想表明，她已经决定不会和儿子一起死，而是要活下去继续开始自己新的生活。在梦中，她可以感觉到活着是件好事，这表明她已经接受了她的丧失。虽然悲伤和内疚仍然存在，但没有那么恐慌，因为她已经失去了以前的信念，即她认为自己的死亡是儿子去世后的必然结果。

在这里，A女士把自己从死亡中拉出来，走向没有儿子存在的新的生活，但她不得不承受自己和失去的儿子分离的痛苦后果。我们可以看到，承认丧失的现实的能力，会导致自我与客体的区分，是决定哀悼是否可以继续的关键问题。这涉及放弃对客体的控制的任务，意味着先前旨在占有客体和否认现实的趋势必须被扭转过来。个人必须面对他无法占有、保存和保护客体的无能感。他的心理现实包括意识到，他的爱和补偿的愿望不足以让客体留下，必须允许客体死亡，随之而来的是悲哀、绝望和内疚。

这些过程涉及强烈的精神痛苦和冲突，修通和解决这些冲突是哀悼功能的一部分。在分析中，当中断威胁到分析设置时，这些冲突就会变得尖锐。在我描述的那个病人的案例中，随着他的分析接近尾声，这些冲突变得更加明显。即将失去他的分析师，使A先生更希望保持现状，即分析师可以支持一个防御性组织。同时，日益增长的现实感也因即将失去分析师而加剧，这使病人意识到他的分析师很快就会停止工作，并使他能够转向利用自己的内在资源及社会资源来预测和哀悼丧失。

怨恨是避免丧失的一种途径

弗洛伊德在《哀伤与忧郁》中关于抑郁症病人的自我责备现象提出了许多引人注目的观点，其中他认为，这些实际上是对病人所认同的内在客体的责备。这似乎是抑郁症病人的一个重要特征，怨恨为他提供了一个与内在客体维持联结的机会。怨恨通常是围绕着早期的自恋创伤而产生的，这个创伤是由一个未能履行被认为是自恋的完美承诺的母亲施加给病人的。与怨恨相对应的是对理想客体存在的持久信念所带来的希望，这个理想客体将扭转不公平的局面并实现承诺。对这些被怨恨的客体和理想的客体运用现实感的检验能力似乎变得特别困难；它们很容易被认为是同一个客体，被怨恨的人物只需承认错误并同意改变，就能成为理想的客体。

布里顿（2003）指出，被怨恨的内化人物不是被视为一个坏客体，而是被视为一个行为恶劣的好客体。在分析的情境中，怨恨和希望都被投射到分析师身上，并施加压力，通过实现这些希望来弥补怨恨。

在这些冲突中，现实和道德之间发生了竞争，因为病人认为的公正的解决方案，与观察到的现实的解决方案发生了冲突。核心问题往往是理想客体的丧失，和它所带来的理想自我的丧失。对理想客体的强烈渴望，消除了所有的不良感觉，特别是迫害、失败、羞辱和内疚的感觉，是早期与乳房关系的一个重要组成部分。克莱因（1957）对此写道：

> 婴儿对取之不尽、用之不竭的乳房的渴望，绝不仅仅源于对食物的渴望，也源于对力比多的渴望。因为即使在最早期阶段，想要不断获得母爱的冲动，从根本上说是源于焦虑。生与死的本能之间的斗争，以及随之而来的自我和客体被破坏性冲动消灭的威胁，是婴儿与母亲最初关系中的基本因素。因为他的欲望象征着乳房，以及不久之后的母亲，应该消除这些破坏性冲动和迫害性焦虑的痛苦。
>
> （第179—180页）

正是分析师未能提供这种美妙的解脱，加强了A先生的怨恨，而正是他仍然觉得分析师有可能做到这一点，使他的希望得以延续，并说服他可以继续避免面对丧失的现实。在这个过程中，他也可以继续避免接受失去他自己全能感的事实。

结　论

我已经描述了在第一次治疗中，A先生如何向我施压，让我同意他的世界已经崩溃了。他表现得就像是一段普通的良好关系无法继续维持发展一样，在这种关系中，内疚和失望是可以被容忍和允许存在的。他觉得自己已经失去了在分析中与我建立的积极关系，他不能面对现实，既不能面对他现在的状态，也不能面对他以前建立的理想化和明显不真实的幻想。这些幻想与这样的信念有关，即我可以消除他所有的痛苦和内疚感，使他恢复到理想状态，感到被爱和被保护。虽然他明显感到痛苦和失望，但我感到他并不完全相信自己所呈现的渴望，而且他似乎意识到，他想看看我是否能维持对他和我们工作的信心。

然而，在第一次治疗中，病人没有心情去面对他全能感的现实，没有心情去哀悼它的丧失。他也无法面对一个被理想化的分析师的丧失，他相信分析师曾向他承诺，他所有丧失的客体都可以得到恢复，而不需要任何内疚或痛苦。A先生体验到的压倒性的情绪是崩溃和委屈，A先生认为我让他失望了。

第二次治疗的气氛有所不同。A先生熬过了他选择去德国出差的长周末，我像往常一样和他见面，没有任何明显的敌意。关于诺曼底登陆的纪录片触动了他，使他的态度变得更加充满同情。在治疗的后期，他逐渐认识到，他欣赏德国的东西，而不是他的父亲，就像他选择利用长长的周末去德国出差，而不是用来和我准时开始做分析，他感到有些欣慰，因为我没有对此反应过度。他在德国的自由感似乎与他逃离一个挑剔、专横的分析师有关，他意识到，对我的这种看法使他转而与他所认为的法西斯势力结盟以反对我。这种意识部分地帮助他理解了我对他的反应，而且我想，也使他认识到与他一起工作的一些压力。

在我看来，这些想法与病人意识到分析即将结束有关，也与病人意识到他的父母正在衰老有关，因此这可能是他们将见证的最后一次诺曼底登陆纪念日。我认为他更接近于接受这些现实，并对他所处的状态形成一个更现实的看法。A先生自己觉得他已经因分析而有所改变，但他的处境与他所希望的相去甚远，甚至他所认可的成就也被认为是不安全的，很容易被破坏和摧毁。怨恨可能在他的人际关系中占主导地位，而且由于对分析的结束没有终结的感觉，推迟了哀悼的工作。

随着分析结束的日期的临近，在我看来，冲突似乎变得越来越有意识，让A先生陷入痛苦的选择中。他越来越接近于对分析所取得的成果表示赞赏，同时也认识到他对分析没有取得更多的成果感到非常失望。他急切地想让自己处于一种确定和安全的状态，他对我们很可能在他无法解决冲突的情况下就结束的事实感到不满，在我看来，这更清楚地揭示了他的爱与恨的感觉之间的冲突。

当这一冲突似乎无法解决时，病人继续试图将其转化为真正的情况和他认为应该是的情况之间的冲突，这使他进入了怨恨的领域，他认为应该提供给他的东西没有得到。这种不满，我认为其根源在于他对一个一直让他失望的理想化的内在客体的愤恨，在我们两个人之间的冲突中得到了表达，并且在他面对对我的失望这一不可避免的情况时，不满爆发得非常强烈。

我也不得不面对我的失望，当我能够接受我的工作以及一般的精神分析的局限性时，我得到了帮助。同时，我也认为，大量的修通性工作和对丧失一位分析师的哀悼是在分析结束后发生的。

第九章　强迫性重复、嫉羡与死本能

弗洛伊德对强迫性重复的态度随时间的推移有所改变。起初，他对病人重复他们的历史而不是记住它感到沮丧，但我一直认为这是他天才的标志，他开始认识到这种重复正是使治疗性改变发生或成为可能的关键过程。由于强迫性的重复，病人能够在移情中重温他们的体验，尽管是被迫的。这为理解和改变提供了一个新的机会。正如弗洛伊德所说："我们将它［强迫性重复］纳入移情……［通过这种方式］，我们经常成功地给这种疾病的所有症状赋予新的移情意义，并以一种可以通过治疗工作得到治愈的'移情性神经症'来取代［病人的］'普通神经症'。"（1914b，第154页）

然而，弗洛伊德逐渐意识到，强迫性重复也表达了对改变的抵抗。他开始认为，对抵抗的分析是分析师的一项核心任务。后来他确信，在某些病人身上，对改变的抵抗特别顽强，他们似乎毫无意义地坚持追求只会导致不快乐和痛苦的结果。他指出，在这些情况下，病人似乎无法从经验中学习。相反，他们的行为就像"被恶毒的命运所追逐，或者被某种'恶魔'的力量所控制……"（弗洛伊德，1920，第21页）。

弗洛伊德对在强迫性重复的影响下，病人发生改变的可能性持悲观态度。然而，我相信，对相关因素的进一步理解使我们能够注意到，与其他重复一样，强迫性重复在移情中的出现使分析师有机会了解它，并"将它转化为可以通过治疗工作治愈的一种重复移情"。当然，这个论点的核心是我们是否能够理解它。我认为，弗洛伊德将强迫性重复置于"快乐原则之外"，意味着不能以普通的方式去理解它。

我认为，最初弗洛伊德所做的，不过是给这个超出理解范畴的人类经验一个“居所和名字”，他用“死本能”这个词来描述当时无法理解的东西。然而，即使在他最早期自己写的论文中（1920），弗洛伊德对这种神秘力量的性质也有很大的兴趣，包括指出它对生命有机体创造的意义和结构具有破坏性。他写道：“我得出的结论是，除了保存用来生存的物质并将其连接成更大的单元的本能外，一定还存在另一种相反的本能，试图溶解这些单位并使其回到原始的无机状态。”（弗洛伊德，1930，第118页）

我相信，如果我们把死本能主要看作一种反生命的本能，象征着对所有代表生命的东西，特别是对创造力的憎恨和不容忍，就有可能澄清死本能在强迫性重复中的作用（费尔德曼，2000）。这种本能的目的仍然难以理解，但它的现实表现是无法避免的。当它被表述为一种反生命的本能时，与嫉羡的关系就变得更加清晰。这两者可能确实变成了同一事物的不同方面。

在这一章中，我认为强迫性重复是一种特别顽强的抵抗，它产生于病人对任何新事物的憎恨和不容忍，特别是对任何他能从中受益的创造性事物的不容忍。我将这种不容忍与嫉羡的运作联系起来，并将其视为死本能的一种表现。这些观点可能让人感到难以理解。弗洛伊德自己一开始也对有关死本能的解释感到不舒服，他发现他的许多同事也对这个观点感到极度不愉快。这种不舒服还在继续，我发现许多综述强迫性重复的论文都试图寻找不涉及死本能的解释［库比（Kubie），1939；罗伊沃尔德，1971；拉夫顿（Roughton），1993］。尽管如此，它在弗洛伊德的理论体系中还是占有核心地位的，就像克莱因一样，他把死本能与嫉羡的运作联系起来。

正如他们难以接受死本能的概念一样，许多分析师也认为难以理解和接受嫉羡。尽管《嫉羡与感恩》（*Envy and Gratitude*，克莱因，1957）在五十多年前就已经出版，但我们还没有完全吸收这本书中的观点，也没有接受它的所有发现。克莱因认为，乳房的好的部分代表了母亲的善良、耐心、慷慨和创造力的原型。她认为，如果婴儿要建立一个良好的内部客体，为将来的发展奠定基础，与乳房的良好关系是至关重要的（1957）。在她看来，嫉羡有可能破坏这种善，成为发展健康性格和关系的主要障碍。

然而，好的品质不能孤立地存在，我认为很明显，作为好客体的原型，好的乳房被设想为客体关系的一部分，最基本的是母亲和婴儿之间的关系。比昂（1959）认识到了这一点，他提出，客体之间的联系是最难容忍的，因为它会引发嫉羡。患有强迫性重复的病人发现，作为好的品质的接受者是难以忍受的，他把这当作一种羞辱。他反复尝试通过认同来占有好的品质，这样他就处于一种给予而不是接受的位置。

弗洛伊德在《可终结与不可终结的分析》中再次论述了强迫性重复，他描述了那些坚持自己的疾病，并给人以永远不会改变的印象的病人，因为“……有一种力量正在用一切可能的手段来保护自己，反对康复，并且决心坚持疾病和痛苦”（弗洛伊德，1937，第242页）。

很明显，他把这种力量归结为死本能，他再一次描述了一种类似于他早先描绘的不断重复的恶魔般的冲动。然而现在，他补充了一个新的观察结果，对我来说，这似乎是令人惊讶且非常重要的。他把这种抵抗归结为他所谓的“对女性气质的否定”。乍一看，对女性气质的不容忍与抵抗或死本能有什么关系并不清楚。他认为，对于女性来说，对其女性气质的不满导致她想要男性的属性，表现为对阴茎的渴望。对男性来说，采用女性化的态度会使他感到自卑，从而导致男性化的抗议。弗洛伊德描述道：

> 关键在于，阻抗阻碍了任何变化的发生——一切都保持原状。我们常常有这样的印象：当发现病人存在对阴茎的渴望和对男子气概的抗议时，意味着我们已经洞悉了最深层的

心理动机，因此我们的分析工作就可以结束了。

（弗洛伊德，1937，第252—253页）

我相信，将弗洛伊德所说的“对女性气质的否定”，理解为不容忍对好客体的接受性依赖更为恰当。这似乎给男性和女性都带来了类似的问题，事实上，这也是男女婴儿在与母亲和其乳房的最初关系中不得不采取的立场。因此，它不仅被看作是女性化的，而且是幼稚的，与一个好客体的关系可能无法带来快乐、成长、发展和感激，而是尴尬和羞辱（斯坦纳，2006b）。对给予而非接受的明显偏好似乎是阴茎嫉妒和男性抗议的基础，我认为弗洛伊德正确地将其确定为抵抗改变的重要来源。

今天，似乎更正确的说法是，这些病人所排斥的是一种创造性联结，其中给予和接受是互补的。因此，在强迫性重复中对改变的抵制，可能是由于对分析师和病人之间在分析中产生的联结的憎恨和不容忍。我认为贝蒂·约瑟夫（1959）在一篇早期的论文中指出强迫性重复是为了处理依赖性的焦虑时，也表明了类似的观点。她认为，依赖本身意味着爱和被重视的可能性，这激起了仇恨和破坏性，因为它重新激活了嫉羡，其中的主要客体乳房被嫉妒、憎恨和攻击。对接受性依赖关系的容忍是向抑郁位态体验迈出的一步。对这种步骤的躁狂防御，代表了攻击创造性联结和阻止改变的防御性反应的一部分。

比昂（1959）将这种攻击描述为产生于自我破坏性的超我，这种超我要么在病人体内作为一个嫉妒的客体，攻击与外部世界的联结，或者更经常的是，当它感到要攻击病人觉得有可能向他开放的任何创造性联结时，就被分裂出来并投射出去。这就导致了对被嫉妒的恐惧，作为一种强大的抑制力量，阻止发展和改变（布里顿，2003）。

在这种情况下，阴茎嫉妒被认为是对全能阴茎的渴望，与行使权力而不是建立联系更有关系。伯克斯特德-格林（1996）通过将全能的阴茎与作为联结的阴茎区分开来澄清了这一点，后者与作为联结的乳房一样，必须同时涉及一个给予者和一个接受者，联结具有创造性。创造性联结的一个基本特征是，它涉及一对夫妇之间的关系，其成员是互补的、相互依赖的和不同的。在父母和孩子之间，这涉及代际之间的差异，在性伴侣中，涉及性别的差异。这种类型的差异很容易激起优越感和自卑感。如果这些都是极端的，那么羞耻和羞辱在不容忍创造性联结方面起着重要作用。全能的解决方案，是通过建立一个自恋的组织来否认嫉羡，导致对理想化的阴茎的幻想。如果需要放弃自恋的优越感，那么在与好客体的关系中采取接受性位置的问题就变得更加困难。

用于控制接受性依赖的焦虑的基本防御措施涉及分裂、投射性认同和内摄的组合（约瑟夫，1959），它们经常被用来创建复杂的自恋组织（罗森菲尔德，1964，1971a）。这些组织帮助病人否认分离和差异性，从而避免妒忌。如果客体的善被理想化和占有，就没有什么可嫉妒的，因为所有的善都被认为是由病人占有和控制的。我认为，这种自恋组织提供了一种藏身之处或精神避难所（斯坦纳，1993），在那里，自我和客体是如此融合，往往一个在另一个里面，以至于没有足够的分离来正确看待任何一个。这是对客体关系现实的一种防御，因为这种现实涉及独立的客体，每个客体都有自己的个体特征。如果自恋组织崩溃，分离就会被体验为突然被残酷地从一个安全的地方驱逐出去的过程。然而，如果病人取得了进展，并自愿开始从心理避难所中走出来，所产生的分离就不那么突然和残酷，但可能仍然难以忍受。在这两种情况下，都可以更清楚地观察客体。如果病人对其好的品质的依赖变得明显，可能导致嫉羡的重新出现。

我认为，病人和分析师遇到的一些问题来自对好的品质的感知，这种感知激起了爱和欲望，不可避免地引起了对差异的意识。自我和客体之间的差异引起了对这对组合中较富裕成员的嫉妒。较贫穷的成员意识到一种匮乏，使他感到羞辱，这意味着他不能利用他所拥有的好的品质。我发现，为了让病人感到被涵容和被理解，分析师需要认识到他的倾向性，当他觉得自己缺乏好的事物时，他会感到羞辱；如果他能获得这些东西，他会感到被嫉妒。如果分析师能够认识到，类似的困难可能会阻止其看到病人身上的好的品质，那么理解病人身上的这些障碍就会变得更容易。

有时会发生这样的情况：病人会强调不好的因素，而把好的品质隐藏起来。如果分析师有能力接受所投射的东西中令人不安的特质，理解并容忍其产生的情绪，可能会让好的元素被揭示出来。如果投射的东西太令人不安，如果病人的发展激起了分析师自己的嫉妒，那么可能是分析师在攻击这种联结，阻止病人与他沟通。

临床资料：Y先生

我相信弗洛伊德关于死本能的观点和克莱因关于嫉羡的描述，可以帮助我们确定在这个领域的思考方向。我将用它们来探讨一位有明显强迫性重复的病人对改变的抵制。尽管Y先生极力追求他所认为的理想目标，但他的努力经常以似乎完全可以预测的方式，以失望和羞辱告终。例如，在一次令人沮丧的挫折之后，他告诉我：“这件事以前发生过一百万次，以后还会发生一百万次。”这似乎是在警告我，我将无能力打断这种重复，也不可能有任何改变。他自己把这与他推动事业发展的单一目的联系起来。他认为，如果他的工作进展顺利，他想要的其他一切都会随之而来。

在我们的互动中，一个引人注目的特点是他对任何关于移情的解释都没有反应。他似乎否认我们之间存在任何有意义的联系，并平静地解释说我的评论对他毫无意义。他不能理解我的意思，即使他能理解，他也没有反应。有一次，当我解释他对我的周末的好奇心时，他说：“我知道你周末在做什么吗？不知道！我关心吗？不！”病人最直接和最迫切的需求似乎是阻止我对他有任何意义。

一个反复出现的梦

在Y先生因为出国旅行而错过了四次治疗后，他报告了一个从大学时代就开始反复出现的梦。在这个梦中，他必须参加期末考试，而他完全没有准备好，因为这一年中大部分时间他都没去上课了。这一次，他更难过的是，他意识到自己与朋友们的联系被切断了。他说这让他很不爽。在那一年里，他甚至没有进过酒吧，变得孤独而寂寞。在梦中，有人要求他为一个慈善机构筹集资金，他不得不说他做不到。相反，他乞求他的妻子不要离开他，当她说她爱他，不会离开时，他感动得哭了。

我以前曾多次听到过这个反复出现的梦的前面一部分，但我注意到，这一次，他更关心失去的朋友，而不是考试的失败。我认为梦中重点的转移与他的恐惧有关，他担心自己因为优先考虑工作而错过了与我的四次治疗，从而疏远了我，失去了与我的友谊。然而，我也认为他感到了一些欣慰，就像他梦中的妻子一样，我能够和他在一起，并愿意继续我的工作。我所有探索梦境的尝试都遭到了他的怀疑，并导致了他一贯的否定。他认为他的梦和错过的疗程之间没有任何联系，他否认他对失去我有任何恐惧，也否认对我的工作继续下去有任何欣慰。这个重复的梦似乎是强迫性重复的一个例子，但我认为它提出了我们可以一起工作的可能性，特别是由于它是以梦的形式出现的。然而，他对我的看法的一概拒绝，也表明了强迫性重复的力量和牢固性。当我指出他与我的联结是有意义的，以及对他很重要时，他认为我要求他承认这些，就像他梦中为慈善机构筹款一样，他没有能力做到。我认为他担心自己找不到表达积极情感的力量。他觉得自己的资源太少，无法做慈善，正是这一点使他在梦中感到非常依赖我和他妻子。

尽管表面上是不屈不挠的重复，但我认为偶尔有迹象表明，他更能认识到自己的兴趣和好奇心，这也是分析所促进的。在一次去克拉科夫参加商务会议后，他提到他的家庭中有一些犹太人的血统，父母似乎都不愿意谈论这个问题。克拉科夫的一位出租车司机曾提到，奥斯威辛集中营就在不远处，后来他发现他的两位同事在会后要去参观奥斯威辛。他之前已经承诺了尽快回家，他对不能加入他们感到有些遗憾，尽管他认为如果真的要这样做，对他来说太令人不安了。在我看来，他认识到自己需要如此迅速地离开现场，避免与集中营令人不安的个人联系有任何接触，其中似乎体现了他对自己部分的洞察力。他对我的背景以及我自己面对虐待和恐惧的能力也有一些好奇心。

第一次治疗

就在复活节假期前，Y先生宣布他的儿子和儿媳将有一个孩子。他的儿子、儿媳和她的家人都很高兴和激动，但他的感觉却比较复杂。他不得不顺应家人的热情，但这只会让他感觉很糟糕，他似乎意识到自己的不回应代表着与新生儿的到来有关的某种险恶的和可怕的事情。

在开始长达两周的假期前的最后一次会谈中，他开始报告说儿媳妇身上起了疹子。他觉得没什么，但当他向妻子提及此事时，妻子担心这可能是风疹，如果是这样的话，就很严重了。

他说他觉得这很极端："你不可能有一点点怀孕的可能。她要么得了风疹，那是一场可怕的灾难，要么就没有。"我说，这也是他对自己的感觉。要么每件事情都是美好的，要么，如果我能够触及他内心的一些微小而脆弱的东西，那么就是一场灾难。当他说"你不可能有一点点怀孕的可能"时，他表达了他的恐惧，即如果他允许好的品质在他体内生长，那将是不可逆转的，并证明了我们很难避免自己遭受他认为的凶残力量的伤害。然而，我认为，与此同时，他在休息前的最后一次治疗中提出了这种情况，我回应他说，他确实想利用这次治疗来了解对婴儿和他自己来说，真正的危险是什么，并在我还在这里的时候给我们一个机会来面对它。

他说当他的妻子变得焦虑时，他无法应付，因为她也在暗示他没有注意到这件事情，也不关心。我的理解是，他不确定自己是关心得太少还是太多。这一切似乎从毫无意义的皮疹演变成一场灾难。我想，就在休息之前，他也很想知道我是否在乎。对此，他回答说，他不明白我为什么要关心。他知道治疗结束后会发生什么。他的儿媳妇已经去看了全科医生，了解皮疹的情况，他确信一切都会好起来。然后他可以打电话给他的妻子，让她放心。

我指出，他正在使自己变得冷静、理智，认为一切都会好起来。我的反馈被认为是不必要的大惊小怪，特别是当我回应他说，他感觉到他需要我的支持，并担心我无法在休假期间做到这一点。他说，他不能过多地介入，因为我不在时，他要独自应付接下来的两个星期。我回应他说，他觉得他必须证明自己脸皮很厚，以避免自己去感受到太多的东西，而且他觉得如果像皮疹一样，有东西穿透他的盔甲，那就太危险了。

同时，很显然，有一个孙子对他来说是非常重要的。他担心这对他来说是一个太大的承诺，而且他也害怕他的爱和关怀会被嘲笑和讥讽。如果他允许自己去关心，那么关于风疹和可能发生的流产的想法会让他感到恐惧。

那天晚些时候，他给我在电话上留言，说医生已经证实皮疹并不严重。我想他已经开始担心，像他妻子一样，我对皮疹很重视，他想缓解我的焦虑。检查皮疹的意义似乎像可能去奥斯威辛一样，他对其中的极端情绪感到害怕，需要与之保持距离。

第二次治疗

两周后，Y先生休假后回来，看起来很痛苦，并报告说事情出了问题，和他预测的一样。前两天一切都很好，然后他的妻子开始不高兴，把他们所有的问题都归咎于他，说他不会成为一个有爱心的父亲和祖父。他抱怨说，在剩下的假期里，他必须购物和做饭，当他描述自己如何患上咽喉炎并感觉不舒服时，怒火就爆发了，觉得没有人给他任何体谅和关怀。具有讽刺意味的是，他补充说，唯一“开心的事”是，妻子花了很多钱买了一个他认为不需要的新沙发。然后他又说，他希望我的假期过得平和而愉快。他知道我将指出这是他的幻想，但这是他所相信的。

我解释说，他认为我成功地摆脱了他所陷入的可怕局面，而他的反应是：“是的，这对你有好处。如果我可以的话，我当然也会这么做。”但当我指出，现在我回来了，他希望我对留给他的困难处境负责，他不同意，并拒绝了我试图建立的所有移情联系。他争辩说，他取消咨询那几次不是我的责任。他也不认为它们应该是。他说自己对每个人都感到焦虑和不舒服，特别是当他们讨论即将到来的孩子时。

治疗本身仍然是相当重复的。每次我试图把他的体验与我的工作联系起来，他都以不合理为由拒绝了。当我解释说，我的沙发就像他妻子买的昂贵的沙发，他觉得他不需要，却能给他一些喘息的机会时，他不同意。他说，他非常感谢我的分析，这帮助他更好地面对他妻子的困境，否则他不会这么做。

我指出，我所说的一切似乎都没有触动他，尽管他确实承认自己陷入了一个重复的境地，他已经预测到了，但分析并没有改变这一局面。他解释说，他并不指望分析会有这样的帮助。“为什么要这样做?”他认为没有必要向我描述所发生的细节，这太重复了，太无聊了。

我的理解是，他确实从妻子的苦恼中得到了一些满足，而在治疗中似乎也是如此，他很平静，无动于衷，对我说的任何话都没有反应。我想，他预料到了当我被置于这种反复无助的境地时，我会感到焦虑和沮丧，他从中得到了一些满足感，并且在我这样的时候能够应付我。

他没有回应我的评论，但他确实对休假时爆发的争吵做了一些解释。他说妻子坚持说他总是侮辱她、看不起她，而他觉得她的家人看不起他。

我回应他说，他觉得他永远不会被他妻子的家人或我接受，因为我们看不起他和他的事业。通过这种方式，他可以表现出他的仇恨和蔑视，并刺激我们通过羞辱他来维持我们的优越感。当我在今天的治疗中试图进行接触时，他只把这看作我的屈尊附就，他不能接受。他说他同意这一切都是为了羞辱。

我告诉他我对此的理解是，他不相信我能认识到他的绝望，相反，我处在高人一等的位置上，他想激怒我，让我知道被羞辱的感觉。

讨　论

我对强迫性重复感兴趣，一方面是因为我们经常遇到的临床问题，即病人似乎停滞不前，无法改变，但也因为我在其中看到了多种理论融合的可能性。首先是弗洛伊德（1920）自己对强迫性重复的描述，他认为这种强迫症不能用性欲驱动来解释，比如对食物或性的渴望，而他的大部分心理学都是建立在这种基础上。需要一些不同的东西，这带来了一个基于死本能的新的理论视角，以解释一种反对生命和创造力的邪恶的破坏性力量。

然后，人们认识到，如果我们把死本能主要看作一种反生命的本能，我们所处理的领域就与克莱因在描述嫉羡时提醒我们注意的领域非常相似。客体的某些属性激起了嫉妒，并驱使嫉妒者试图通过攻击被嫉妒的属性来消除这种痛苦的体验，目的是消灭它，从而消除嫉妒的体验。这种消灭好客体的愿望是嫉妒的一个基本组成部分，并导致一系列防御性的措施，正如克莱因所概述的和罗森菲尔德等人所详细阐述的。当嫉妒的客体被束缚在一个自恋组织中时，破坏性变得不那么公开和持久。然后，病人似乎能够停止彻底摧毁被嫉妒的客体，并满足于消除它的活力，剥夺它的意义和创造力（费尔德曼，2000；约瑟夫，1982；罗森菲尔德，1964，1971a；斯坦纳，1993）。

在我看来，如果我们更精确地考虑一下，到底是什么东西激起了嫉妒，就会产生进一步的一致观点。克莱因（1957）认为，嫉妒是由乳房的好的部分引起的，她认为乳房是“母亲的善良、不竭的耐心和慷慨，以及创造性的原型”（第180页）。然而，我认为很明显，这种观点设想了一段关系中的乳房。比昂（1959）认识到这一点，他提出最容易引发嫉妒的是客体之间的联结。一个小孩子看着他的母亲带着一个新的婴儿，这种嫉妒是很容易识别到的，但似乎更重要的是，当被嫉妒的他人是病人自己时，有时表现为病人内心发展出的新事物（获得的新进展），嫉妒往往会因此被激发出来。比昂认为，这些联结是由分析师和病人之间的言语连接所激发出来的，这或许会激起嫉妒，也可能是由病人对分析师的投射性认同所激发出来的，这对分析师来说也许很难接受和理解。

在我看来，对Y先生来说，采用一种接受性的关系来接受乳房的好的品质是非常困难的，正是这种关系受到嫉妒的攻击。有时显然是病人的嫉妒阻碍了接受性，但有时似乎是害怕来自一个嫉妒的客体的强大攻击，于是通过隐藏或阻断接受性姿态来避免这种恐惧。如果不允许有新的发展，就没有什么可以激起攻击。

克莱因（1957）对嫉妒的运作、对它的防御以及引起它的事实的详细描述，使分析师能够认识到它是对创造性联结的普遍反映，并帮助他接受、容忍嫉妒，尽管它具有难以忍受的特质。分析师自身分裂和投射嫉妒的能力，有时恰恰是病人所体验到的优越感，这种优越感防御性地将羞耻和羞辱强加给他人，而使自己不受影响。我认为我的病人正是认同这种类型的人物，因为他在努力让自己更能接受与我的思想、观念和感觉有关的接受性立场。在我看来，他把这种接受看作女性化的、低级的，这是他最难以忍受的体验。

我们能够认识到，Y先生觉得无法让一个好的体验进入他的内心并发展出好的东西。他的焦虑似乎与有一个孙子的想法，以及与他认识到“你不可能有一点点怀孕的可能”有关。在我看来，他也知道“你不能有一点点流产的可能”，所以，如果让一些东西成长，释放出如此可怕的暴力，是很危险的。他当时给我在电话上留言告知后，就不再担心儿媳妇的皮疹，也不打算去奥斯维辛，虽然我认为他的行为其实是在表达希望我能够接纳他内心这些可怕的想法，而又不会受到太多干扰。也许这是一个必须通过投射性认同来传达，并需要被我接受的实例。

Y先生对我的解释不屑一顾的反应与一种冷漠有关，当我努力想让他看到一些东西，特别是感受到一些东西时，他仍然保持冷静。他的无动于衷有一种优越感，让人觉得我才是那个需要他的人，并恳求他允许一种解释具有意义。我觉得自己有义务容忍和接受他对我的解释的不屑一顾，以及挑衅我的各种方式，但我能感觉到这逐渐使我生气，有时甚至会激起我对他的批评和攻击。

那种夸张的自恋式的骄傲使Y先生非常容易贬低他人，但当他描述自己的缺点时，这种贬低也可以转而针对自己。他在表达自己的观点时，有一种强烈的施虐-受虐倾向，他从寻找丰富多彩的语言中获得了极大的乐趣——尽管有时很有趣，但往往非常残酷——以此来表达他不得不面对的人的缺点。我认为他与一个嫉妒的自我毁灭的超我有关，从被攻击、被羞辱以及羞辱他人中得到满足。我认为这种施虐-受虐的特质促成了他的强迫性重复，并起到了活跃和维持的作用。对他来说，似乎必须在他的客体完全崩溃和被摧毁之前停下来，因为他需要一个客体来完成兴奋和崩溃、优越感和羞辱的循环。尽管Y先生经常出现危机，但他还是能够保住他的婚姻，他的企业多次几乎被彻底摧毁，但却留下了足够的资源让他继续经营并开始重建。破坏的企图与保护他的成就的企图相结合，似乎导致了长期的虐待，而不是完全的破坏性，并产生了约瑟夫（1959）所说的“破坏性和爱之间的特殊平衡”，也维持了强迫性重复。

对羞耻和屈辱的敏感意味着我的病人经常感到被人看不起，并在他有机会被理解和接受时，通过嘲笑和讥讽他的好客体来扭转这种羞辱。这意味着从精神避难所中走出来是特别困难的，因为这使他暴露在看见和被看见、嫉妒和被嫉妒的环境中。分离意味着他可以更清楚地看到他的客体，并面对他们的现实，这包括被嫉妒的好品质和让人恐惧的坏品质。同时，它使他能够更清楚、更现实地被看到，并再次暴露出他的好的和坏的品质。他的嫉妒立即被分裂出来并被否认，以至于他不断期待并经常挑起对他良好品质的破坏性攻击。

更好地理解嫉妒的本质，以及了解影响嫉妒的识别和阻碍人格整合的防御机制，可以帮助我们容忍、理解和涵容病人，尤其是当病人身上出现这些强迫性重复时。通过这样的方式来看待它们，强迫性重复可以被认为是对改变的抵抗，以及尝试精神分析取向治疗的常规型困难的一部分。我们的理解在很大程度上要归功于克莱因对嫉羡的详细描述（克莱因，1957），也归功于我们对死本能和通常与之伴随出现的防御机制的更好理解。

参考文献

Astor, J. (1998). Some Jungian and Freudian perspectives on the Oedipus myth and beyond. *International Journal of Psychoanalysis*, 79: 697–712.

Baumeyer, F. (1956). The Schreber case. *International Journal of Psychoanalysis*, 37: 61–74.

Benedict, R. (1946). *The Chrysanthemum and the Sword*. Boston, MA: Houghton Mifflin.

Bion, W. R. (1959). Attacks on linking. *International Journal of Psychoanalysis*, 40: 308–315. Reprinted in Second Thoughts (pp. 93–109). London: Heinemann, 1967.

Bion, W. R. (1962). *Learning From Experience*. London: Heinemann.

Birksted-Breen, D. (1993). *The Gender Conundrum*. London: Routledge.

Birksted-Breen, D. (1996). Phallus, penis and mental space. *International Journal of Psychoanalysis,* 61: 39–52.

Bowlby, J. (1980). *Attachment and Loss. Vol. 3: Loss, Sadness and Depression.* London: Hogarth Press.

Britton, R. S. (1989). The missing link: Parental sexuality in the Oedipus complex. In R. Britton, M. Feldman, E. O'Shaughnessy, & J. Steiner, *The Oedipus Complex Today: Clinical Implications* (pp. 83–101). London: Karnac.

Britton, R. S. (1995). Psychic reality and unconscious belief. *International Journal of Psychoanalysis*, 76: 19–23.

Britton, R. S. (1998a). Before and after the depressive position. In *Belief and Imagination* (Chapter 6). London: Routledge.

Britton, R. S. (1998b). *Belief and Imagination.* London: Routledge.

Britton, R. S. (2003). *Sex, Death, and the Superego.* London: Karnac.

Cotard, J. (1880). Du délire hypochondriaque dans une forme grave de la méleancolie anxieuse. *Annales Medico-Psychologiques (Paris)*, 4: 168–174.

Denis, P. (1997). *Emprise et satisfaction. Les deux formants de la pulsion*. Paris: Presses Universitaires de France.

Donnet, J. L. (2009). Lord Jim or the shame of living. In *The Analysing Situation*, trans. A. Weller. London: Karnac.

Dorey, R. (1986). The relationship of mastery. *International Review of Psychoanalysis*, 13: 323–332.

Erickson, E. H. (1959). *Identity and the Life Cycle: Selected Papers*. Psychological Issues Monograph No. I. New York: International Universities Press.

Fairbairn, W. D. (1944). Endopsychic structure considered in terms of object-relationships. *International Journal of Psychoanalysis*, 25: 70–92.

Feldman, M. (1994). Projective identification in phantasy and enactment. *Psychoanalytic Inquiry*, 14: 423–440.

Feldman, M. (1997). Projective identification: The analyst's involvement. *International Journal of Psychoanalysis,* 78: 227–241.

Feldman, M. (2000). Some views on the manifestation of the death instinct in clinical work. *International Journal of Psychoanalysis*, 81: 53–65.

Feldman, M. (2008). Grievance: The underlying Oedipal configuration. *International Journal of Psychoanalysis*, 89: 743–758.

Feldman, M. (2009). *Doubt, Conviction, and the Analytic Process*. The New Library of Psychoanalysis. London: Routledge.

Fenton, J. (2006). Lives of the sinners: On the confessions of Abelard. *The Guardian*, Saturday 13 May.

Ferenczi, S. (1928). The problem of the termination of analyses. In *Final Contributions to the Problems and Methods of Psychoanalysis*. London: Hogarth Press, 1955.

Freud, S. (1895) (with Breuer, J.). *Studies on Hysteria. S. E.*, 2.

Freud, S. (1905). *Three Essays on the Theory of Sexuality. S. E.*, 7: 123–243.

Freud, S. (1910). Leonardo Da Vinci and a memory of his childhood. *S. E.*, 11: 59–137.

Freud, S. (1911a). Formulation on the two principles of mental functioning. *S. E.*, 12: 215–226.

Freud, S. (1911b). Psycho-analytic notes on an autobiographic account of a case of paranoia (Dementia paranoides). *S. E.*, 12: 3–82.

Freud, S. (1912). The dynamics of transference. *S. E.*, 12: 99–108.

Freud, S. (1913). *Totem and Taboo. S. E.,* 13.

Freud, S. (1914a). On narcissism: An introduction. *S. E.*, 14: 67–102.

Freud, S. (1914b). Remembering, repeating and working through: Further recommendations on the technique of psycho-analysis, II. *S. E.*, 12: 147–156.

Freud, S. (1917). Mourning and melancholia. *S. E.*, 14: 237–258.

Freud, S. (1920). *Beyond the Pleasure Principle. S. E.*, 18: 7–64.

Freud, S. (1923). *The Ego and the Id. S. E.*, 19: 13–66.

Freud, S. (1924). On the dissolution of the Oedipus complex. *S. E.*, 19.

Freud, S. (1925). An autobiographical study. *S. E.*, 20: 7–74.

Freud, S. (1927). Fetishism. *S. E.*, 21: 149–157.

Freud, S. (1930). *Civilization and Its Discontents. S. E.*, 21: 59–145.

Freud, S. (1937). Analysis terminable and interminable. *S. E.*, 23: 211–253.

Freud, S. (1940a). *An Outline of Psycho-Analysis. S. E.*, 23: 141–207.

Freud, S. (1940b). Splitting of the ego in the process of defence. *S. E.,* 23: 273–278.

Goffman, E. (1956). Embarrassment and social organisation. *American Journal of Sociology,* 62 (3): 264–275.

Green, A. (1983). *Narcissisme de vie, narcissisme de mort.* Paris: Minuit.

Grosskurth, P. (1986). *Melanie Klein*. London: Hodder & Stoughton.

Horney, K. (1936). The problem of the negative therapeutic reaction. *Psychoanalytic Quarterly*, 5: 29–44.

Joseph, B. (1959). An aspect of the repetition compulsion. *International Journal of Psychoanalysis*, 40: 213–222. Reprinted in *Psychic Equilibrium and Psychic Change: Selected Papers of Betty Joseph*, M. Feldman & E. Bott Spillius (Eds.). London: Routledge, 1989.

Joseph, B. (1975). The patient who is difficult to reach. In P. L. Giovacchini (Ed.), *Tactics and Techniques in Psycho-Analytic Therapy, Vol. II. Countertransference.* New York: Jason Aronson. Reprinted in *Psychic Equilibrium and Psychic Change: Selected Papers of Betty Joseph*, M. Feldman & E. Bott Spillius (Eds.). London: Routledge, 1989.

Joseph, B. (1981). Defence mechanisms and phantasy in the psycho-analytic process. *Psycho-Analysis in Europe*, 17: 11–28. Reprinted in *Psychic Equilibrium and Psychic Change: Selected Papers of Betty Joseph*, M. Feldman &

E. Bott Spillius (Eds.). London: Routledge, 1989.

Joseph, B. (1982). Addiction to near death. *International Journal of Psychoanalysis*, 63: 449–456. Reprinted in *Psychic Equilibrium and Psychic Change: Selected Papers of Betty Joseph*, M. Feldman & E. Bott Spillius (Eds.). London: Routledge, 1989.

Joseph, B. (1983). On understanding and not understanding: Some technical issues. *International Journal of Psychoanalysis*, 64: 291–298. Reprinted in *Psychic Equilibrium and Psychic Change: Selected Papers of Betty Joseph*, M. Feldman & E. Bott Spillius (Eds.). London: Routledge, 1989.

Joseph, B. (1985). Transference: The total situation. *International Journal of Psychoanalysis*, 66: 447–454. Reprinted in *Psychic Equilibrium and Psychic Change: Selected Papers of Betty Joseph*, M. Feldman & E. Bott Spillius (Eds.). London: Routledge, 1989.

Joseph, B. (2003). Ethics and enactment. *Psycho-Analysis in Europe*, 57: 147–153.

Katan, M. (1959). Schreber's hereafter – its building-up (*Aufbau*) and its downfall. *Psychoanalytic Study of the Child*, 14: 314–382.

Klein, M. (1935). A contribution to the psychogenesis of manic-depressive states. *International Journal of Psychoanalysis*, 16: 145–174. Reprinted in *The Writings of Melanie Klein, Vol. 1* (pp. 262–289). London: Hogarth Press, 1975.

Klein, M. (1940). Mourning and its relation to manic-depressive states. *International Journal of Psychoanalysis*, 21: 125–153. Reprinted in *The Writings of Melanie Klein, Vol. 1* (pp. 344–369). London: Hogarth Press, 1975.

Klein, M. (1946). Notes on some schizoid mechanisms. *International Journal of Psychoanalysis*, 27: 99–110. Reprinted in *The Writings of Melanie Klein, Vol.* 3 (pp. 1–24). London: Hogarth Press, 1975.

Klein, M. (1952a). The origins of transference. *International Journal of Psychoanalysis*, 33: 433–438. Reprinted in *The Writings of Melanie Klein, Vol.* 3 (pp. 48–56). London: Hogarth Press, 1975.

Klein, M. (1952b). Some theoretical conclusions regarding the emotional life of the infant. In M. Klein, P. Heimann, S. Isaacs, & J. Riviere, *Developments in Psycho-Analysis*. London: Hogarth Press. Reprinted in *The Writings of Melanie Klein, Vol.* 3 (pp. 61–93). London: Hogarth Press, 1975.

Klein, M. (1957). *Envy and Gratitude.* London: Tavistock. Reprinted in *The Writings of Melanie Klein, Vol. 3* (pp. 176–235). London: Hogarth Press, 1975.

Kleist, H. von. (1978). *The Marquise of O and Other Stories*, D. Luke & N. Reeves (Trans.). London: Penguin Books.

Kohut, H. (1971). *The Analysis of the Self.* New York: International Universities Press.

Kohut, H. (1972). Thoughts on narcissism and narcissistic rage. *Psychoanalytic Study of the Child*, 27: 377–378.

Kubie, L. S. (1939). A critical analysis of the concept of a repetition compul-sion. *International Journal of Psychoanalysis*, 20: 390–402.

Lacan, J. (1956). *The Seminars of Jacques Lacan*, J.-A. Miller (Ed.), *Book III: The Psychoses 1955-1956*, R. Grigg (Trans.). New York: W. W. Norton, 1993.

Lansky, M. R. (1996). Shame and suicide in Sophocles' Ajax. *Psychoanalytic Quarterly*, 65: 761–786.

Lansky, M. R. (2001). Hidden shame, working through, and the problem of forgiveness in *The Tempest*. *Journal of the American Psychoanalytic Association*, 49: 1005–1033.

Lansky, M. R. (2005a). Hidden shame. *Journal of the American Psychoanalytic Association*, 53: 865–890.

Lansky, M. R. (2005b). The impossibility of forgiveness: Shame fantasies as instigators of vengefulness in Euripides' Medea. *Journal of the American Psychoanalytic Association*, 53: 437–464.

Lansky, M. R. (2007). Unbearable shame, splitting, and forgiveness in the resolution of vengefulness. *Journal of the American Psychoanalytic Association*, 55: 571–593.

Laplanche, J., & Pontalis, J. B. (1973). *The Language of Psychoanalysis.* London: Hogarth Press. Originally published as *Vocabulaire de la Psychanalyse*. Paris: Presses Universitaires de France, 1967.

Lewis, H. B. (1971). Shame and guilt in neurosis. *Psychoanalytic Review*, 58: 419–438.

Lindemann, E. (1944). Symptomatology and management of acute grief. *American Journal of Psychiatry*, 101: 141–149.

Loewald, H. (1971). Some considerations on repetition and repetition compulsion. *International Journal of Psychoanalysis*, 52: 59–64.

Loewald, H. (1979). The waning of the Oedipus Complex. *Journal of the American Psychoanalytic Association*, 27: 751–775.

Loewald, H. W. (1985). Oedipus Complex and development of self. *Psychoanalytic Quarterly*, 54: 435–443.

Lothane, Z. (1992). *In Defense of Schreber: Soul Murder and Psychiatry*. Hillsdale, NJ: Analytic Press.

Mason, A. A. (1994). A psychoanalyst looks at a hypnotist: A study of folie à deux. *Psychoanalytic Quarterly*, 63: 641–679.

Mollon, P. (2003). *Shame and Jealousy: The Hidden Turmoils*. London: Karnac.

Money-Kyrle, R. (1968). Cognitive development. *International Journal of Psychoanalysis*, 49: 691–698, Reprinted in *The Collected Papers of Roger Money-Kyrle* (pp. 416–433). Strath Tay: Clunie Press, 1978.

Money-Kyrle, R. (1971). The aim of psycho-analysis. *International Journal of Psychoanalysis*, 52: 103–106. Reprinted in *The Collected Papers of Roger Money-Kyrle* (pp. 442–449). Strath Tay: Clunie Press, 1978.

Morrison, A. P. (1983). Shame, ideal self, and narcissism. *Contemporary Psychoanalysis*, 19: 295–318.

Morrison, A. P. (1984). Working with shame in psychoanalytic treatment. *Journal of the American Psychoanalytic Association*, 32: 479–505.

Morrison, A. P. (1987). The eye turned inwards: Shame and the self. In D. L.

Nathanson (Ed.), *The Many Faces of Shame*. New York: Guilford Press.

Nathanson, D. L. (1987). *The Many Faces of Shame*. New York: Guilford Press.

Niederland, W. (1951). Three notes on the Schreber case. *Psychoanalytic Quarterly*, 20: 579–591.

Niederland, W. (1959a). The "miracled-up" world of Schreber's childhood. *Psychoanalytic Study of the Child*, 14: 383–413.

Niederland, W. (1959b). Schreber: Father and son. *Psychoanalytic Quarterly*, 28: 151–169.

Niederland, W. (1960). Schreber's father. *Journal of the American Psychoanalytic Association*, 8: 492–499.

Ogden, T. H. (2010). Why read Fairbairn? *International Journal of Psychoanalysis*, 91:101–118.

Parkes, C. M. (1972). *Bereavement: Studies of Grief in Adult Life*. London: Tavistock.

Racker, H. (1957). The meaning and uses of countertransference. *Psychoanalytic Quarterly*, 26: 303–357. Reprinted in *Transference and Countertransference.* London: Hogarth Press, 1968.

Rey, J. H. (1994). *Universals of Psychoanalysis in the Treatment of Psychotic and Borderline States.* London: Free Association Books.

Ricks, C. (1976). *Keats and Embarrassment*. London: Oxford University Press.

Riesenberg-Malcolm, R. (1988). The mirror: A perverse sexual phantasy in a woman seen as a defence against a psychotic breakdown. In E. Bott Spillius (Ed.), *Melanie Klein Today, Vol. 2. Mainly Practice* (pp. 115–137). London: Routledge.

Riesenberg-Malcolm, R. (1999). *Two Ways of Experiencing Shame.* Paper presented at the 41st International Psychoanalytical Association Congress in Santiago, Chile.

Riviere, J. (1936). A contribution to the analysis of the negative therapeutic reaction. *International Journal of Psychoanalysis*, 17: 304–320. Reprinted in A. Hughes (Ed.), *The Inner World and Joan Riviere: Collected Papers 1920–1958* (pp. 134–153). London: Karnac, 1991.

Rosenfeld, H. A. (1947). Analysis of a schizophrenic state with depersonalisation. *International Journal of Psychoanalysis*, 28. Reprinted in *Psychotic States.* London: Hogarth Press, 1965.

Rosenfeld, H. A. (1964). On the psychopathology of narcissism: A clinical approach. *International Journal of Psychoanalysis*, 45: 332–337. Reprinted in *Psychotic States* (pp. 169–179). London: Hogarth Press, 1965.

Rosenfeld, H. A. (1971a). A clinical approach to the psychoanalytic theory of the life and death instincts: An investigation into the aggressive aspects of narcissism. *International Journal of Psychoanalysis*, 52: 169–178. Reprinted in E. Bott Spillius (Ed.), *Melanie Klein Today, Vol. 1. Mainly Theory* (pp. 233–250). London: Routledge, 1988.

Rosenfeld, H. A. (1971b). Contributions to the psychopathology of psychotic patients. The importance of projective identification in the ego structure and object relations of the psychotic patient. In P. Doucet & C. Laurin (Eds.), *Problems of Psychosis.* Amsterdam: Excerpta Medica. Reprinted in E. Bott Spillius (Ed.), *Melanie Klein Today, Vol. 1. Mainly Theory* (pp. 117–137). London: Routledge, 1988.

Rosenfeld, H. A. (1987). *Impasse and Interpretation: Therapeutic and Anti-therapeutic Factors in the Psychoanalytic Treatment of Psychotic, Borderline and Neurotic Patients.* New Library of Psychoanalysis. London: Routledge.

Roughton, R. (1993). Useful aspects of acting out: Repetition, enactment, and actualization. *Journal of the American Psychoanalytic Association*, 41: 443–472.

Sandler, J. (1976a). Actualization and object relationships. *Journal of the Philadelphia Association of Psychoanalysis*, 3: 59–70.

Sandler, J. (1976b). Countertransference and role-responsiveness. *International Review of Psychoanalysis*, 3: 43–47.

Santner, E. (1996). *My Own Private Germany. Daniel Paul Schreber's Secret History of Modernity*. Princeton, NJ: Princeton University Press.

Schreber, D. P, (1903). *Memoirs of My Nervous Illness*, I. MacAlpine & R. A. Hunter (Ed. and Trans.). London: Dawson, 1955. (Reissued New York Review of Books, 2000.)

Segal, H. (1957). Notes on symbol formation. *International Journal of Psychoanalysis*, 38: 391–397. Reprinted in *The Work of Hanna Segal* (pp. 49–65). New York: Jason Aronson, 1981.

Segal, H. (1964). *Introduction to the Work of Melanie Klein.* London: Hogarth Press.

Segal, H. (1967). Melanie Klein's technique. In B. B. Wolmann (Ed.), *Psycho-Analytic Techniques*. New York: Basic Books. Reprinted in *The Work of Hanna Segal* (pp. 3–24). New York: Jason Aronson, 1981.

Segal, H. (2007). Vision. In *Yesterday, Today, and Tomorrow* (pp. 61–68). London: Routledge.

Seidler, G. H. (1995). *In Other's Eyes: An Analysis of Shame*, A. Jenkins (Trans.). Madison, CT: International Universities Press, 2000.

Shengold, L. (1989). *Soul Murder: The Effects of Childhood Abuse and Deprivation.* New Haven, CT: Yale University Press.

Sodre, I. (2004). Who's who? Notes on pathological identifications. In E. Hargreaves & A. Varchevker (Eds.), *In Pursuit of Psychic Change* (pp. 53–65). New Library of Psychoanalysis. London: Routledge.

Spillius, E. B. (1993). Varieties of envious experience. *International Journal of Psychoanalysis*, 74: 1199–1212.

Spillius, E. B. (2007). *Encounters with Melanie Klein.* London: Routledge.

Steiner, D. (1997). Mutual admiration between mother and baby: A *folie à deux?* In J. Raphael-Leff & R. Perelberg (Eds.), *Female Experience*. London: Routledge.

Steiner, J. (1990a). Pathological organisations as obstacles to mourning: The role of unbearable guilt. *International Journal of Psychoanalysis*, 71: 87–94.

Steiner, J. (1990b). The retreat from truth to omnipotence in Oedipus at Colonus. *International Review of Psychoanalysis*, 17: 227–237.

Steiner, J. (1993). *Psychic Retreats: Pathological Organisations of the Personality in Psychotic, Neurotic, and Borderline Patients.* London: Routledge.

Steiner, J. (1996a). The aim of psychoanalysis in theory and in practice. *International Journal of Psychoanalysis*, 77: 1073–1083.

Steiner, J. (1996b). Revenge and resentment in the Oedipus situation. *International Journal of Psychoanalysis*, 77: 433–443.

Steiner, J. (1999). The struggle for dominance in the Oedipus situation. *Canadian Journal of Psychoanalysis*, 7: 161–178.

Steiner, J. (2004). Gaze, dominance, and humiliation in the Schreber case. *International Journal of Psychoanalysis*, 85: 269–284.

Steiner, J. (2005). The conflict between mourning and melancholia. *Psychoanalytic Quarterly*, 74: 83–104.

Steiner, J. (2006a). Interpretative enactments and the analytic setting. *International Journal of Psychoanalysis*, 87: 315–320.

Steiner, J. (2006b). Seeing and being seen: Narcissistic pride and narcissistic humiliation. *International Journal of Psychoanalysis*, 87: 939–951.

Steiner, J. (2008a). The repetition compulsion, envy, and the death instinct. In P. Roth & A. Lemma (Eds.), *Envy and Gratitude Revisited* (pp. 137–151). London:

The International Psychoanalytical Association.

Steiner, J. (2008b). Transference to the analyst as an excluded observer. *International Journal of Psychoanalysis*, 89: 39–54.

Steiner, J. (2011). Helplessness and exercise of power in the analytic session. *International Journal of Psychoanalysis*, 92: 135–147.

Stevenson, R. L. (1886). *Kidnapped*. London: Penguin Books, 1994.

Stoller, R. (1975). Pornography and perversion. In *Perversion: The Erotic Form of Hatred* (pp. 64–91). Brighton: Harvester Press.

Strachey, J. (1934). The nature of the therapeutic action of psycho-analysis. *International Journal of Psychoanalysis*, 15: 127–159. Reprinted in *International Journal of Psychoanalysis*, 50 (1969): 275–295.

White, K. (2010). Notes on "Bemächtigungstrieb" and Strachey's translation as "instinct for mastery" . *International Journal of Psychoanalysis*, 91: 811–820.

White, R. (1961). The mother-conflict in Schreber's psychosis. *International Journal of Psychoanalysis*, 42: 55–73.

Wilson, E. (1987). Shame and the other: Reflections on the theme of shame in French psychoanalysis. In D. L. Nathanson (Ed.), *The Many Faces of Shame*. New York: Guilford Press.

Winnicott, D. W. (1967). Mirror-role of mother and family in child development. In P. Lomas (Ed.), *Predicament of the Family: A Psycho-Analytical Symposium*. London: Hogarth Press. Reprinted in *Playing and Reality*. London: Tavistock, 1971.

Wright, K. (1991). *Vision and Separation: Between Mother and Baby*. Northvale, NJ: Jason Aronson.

Wurmser, L. (1981). *The Mask of Shame*. Baltimore, MD: Johns Hopkins University Press. Republished, Northvale, NJ: Jason Aronson, 1994.

Wurmser, L. (1987). Shame: The veiled companion of narcissism. In D. L. Nathanson (Ed.), *The Many Faces of Shame*. New York: Guilford Press.

Yorke, C. (1990). The development and functioning of the sense of shame. *Psychoanalytic Study of the Child*, 45: 377–409.

图书在版编目（CIP）数据

看见与被看见：走出精神避难所 /（英）约翰·斯坦纳著；黄满霞译. —北京：中国轻工业出版社，2025. 9
ISBN 978-7-5184-4329-1

Ⅰ. ①看… Ⅱ. ①约… ②黄… Ⅲ. ①精神分析 Ⅳ. ① B841

中国国家版本馆 CIP 数据核字（2023）第 023345 号

责任编辑：刘忠波
文字编辑：陈姿兆　　责任终审：张乃柬　　设计制作：锋尚设计
策划编辑：刘忠波　　责任校对：晋　洁　　责任监印：张京华

出版发行：中国轻工业出版社（北京鲁谷东街5号，邮编：100040）
印　　刷：北京君升印刷有限公司
经　　销：各地新华书店
版　　次：2025年9月第1版第3次印刷
开　　本：889 × 1194　1/32　印张：6.5
字　　数：168千字
书　　号：ISBN 978-7-5184-4329-1　定价：59.80元
邮购电话：010-85119873
发行电话：010-85119832　010-85119912
网　　址：http://www.chlip.com.cn
Email：club@chlip.com.cn

251663W4C103ZYQ